# 我欲因之梦吴越

## 江南园林之美

姜帅⋯⋯⋯著

清华大学出版社

北京

**图书在版编目 (CIP) 数据**

我欲因之梦吴越：江南园林之美 / 姜帅著 . -- 北京：清华大学出版社，
2025. 9. -- ISBN 978-7-302-70257-3

Ⅰ . TU986.625

中国国家版本馆 CIP 数据核字第 2025TJ5350 号

**责任编辑：** 孙元元
**装帧设计：** 谢晓翠
**责任校对：** 赵丽敏
**责任印制：** 杨　艳

**出版发行：** 清华大学出版社
　　　　　网　　址：https://www.tup.com.cn，https://www.wqxuetang.com
　　　　　地　　址：北京清华大学学研大厦 A 座　　　邮　　编：100084
　　　　　社 总 机：010-83470000　　　　　　　　邮　　购：010-62786544
　　　　　投稿与读者服务：010-62776969，c-service@tup.tsinghua.edu.cn
　　　　　质量反馈：010-62772015，zhiliang@tup.tsinghua.edu.cn
**印 装 者：** 小森印刷（北京）有限公司
**经　　销：** 全国新华书店
**开　　本：** 154mm×230mm　　　**印　　张：** 22.75　　　**字　　数：** 303 千字
**版　　次：** 2025 年 9 月第 1 版　　　**印　　次：** 2025 年 9 月第 1 次印刷
**定　　价：** 118.00 元

产品编号：089763-01

# | 前言 |

园林是人类创造的理想化世界，是人类与自然对话的场域，是人类的精神生活空间。园林见证了时代、文化、艺术风格的变迁，造园实践中的艺术创造性，往往展现出人类精神世界的高度。

中国园林体系是世界三大园林体系之一，推崇人与自然和谐共处的理念，与"虽由人作，宛自天开"的艺术风格，而江南园林正是其中的高峰。

在江南地区，园林曾经渗透到人们生活的各个角落。普通人家有隙地，筑成私家园林；城郊湖山形胜之地，疏浚水流、修筑亭台，构成公共园林；寺观内外引泉立峰、植木莳花以助幽趣，形成寺观园林。可以说，园林是旧时江南人日常生活的一部分，并经历岁月的洗礼成为珍贵的艺术文化遗产，其间蕴含着中国人独特的美学思想与艺术气质。造园者借园林这一艺术形式托物言志，传达出自己的精神与心声。

现在对江南园林有一些误解，多将江南园林和选址于"城市地"的私家园林画上等号，形成较刻板的印象与概念化的认识。其实古人早已注意到江南园林之美，清代皇家园林如圆明园、颐和园、承德避暑山庄等，其园景就有对江南园林的仿写，如颐和园昆明湖仿杭州西湖、承德避暑山庄金山"上帝阁"仿镇江金山寺、颐和园内的谐趣园仿无锡寄畅园。这也表明清代皇家园林的营造者对江南园林的认识不限于私家园林，其园林选址有"山林地""江湖地""村庄地"等。古人对江南园林的认知可以成为一类提示，启发今人拓宽对江南园林的认知视野。

在本书组稿前，笔者曾与苏州当地老者谈论园林话题。他们提到不少外地朋友对苏州园林的印象还停留在"苏州四大古典名园"，仅游玩两三处园林，便认为江南园林长得都差不多，并为他们无法深入领略园林文化而感到惋惜。确实，"苏州四大古典名园"是最优秀的一批江南园林，而苏州园林的魅力在于拥有较高艺术品质的同时，每一处园林的意匠、特征、布局各不相同。苏州作为江南保留园林数量最多、质量极高的城市，由于现代旅游业发展，有的园林失去了那份自古以来的宁静。又因为历史与社会的变迁，现代人的生活节奏较快，对园林及园林生活较为陌生，很少对园林进行细细品味，就很难认识到园林的匠心独运。这时候需要超越对园林的固有认知，让视野拓宽并有新的体验。

本书写作的初衷有五点：

其一，拓宽对江南园林的认知视野，本书作为园林赏鉴的引导，起抛砖引玉的作用；

其二，园林作为一门集绘画、书法、雕塑、建筑、园艺、工艺美术等于一体的综合性艺术，对园林的鉴赏也是对个人精神生活的完善；

其三，江南地区的城市受地理环境与历史文化影响，园林通常具备明显的地方特色与时代特征，本书通过园林赏析，力求展现园林的地方差异性与文化多样性；

其四，对江南园林的鉴赏，不仅要关注园内景物的优美之处，还要关注园林与外部空间场域、园林功能与造园观念之间的联系；

其五，园林不仅仅是建筑、花木、水池、假山等元素的堆砌，其创作背后是造园者思想、才情、创造力与艺术品质的体现。梁思成先生指出："这些工程及美术上措施常表现着中国的智慧及美感，值得我们研究。许多平面部署……小到一宅一园，都是我们生活思想的答案，值得我们重新解视。"

本书收录江南园林20处，涵盖大部分江南城市，类型有私家园林、公共园林、皇家园林、衙署园林、馆社园林等，选址有城市地、山林地、城郊地、村庄地、江湖地。在每座城市中选取1~5处园林，以小见大地展现江南园林的艺术特征与地方特色，以及不同时代、不同个例的艺术趣味。

除了经典名园，本书还选取了一些艺术价值较高、类型特殊、较少为人所知的园林，如无锡惠山泉庭院、常州未园、嘉兴烟雨楼、杭州文澜阁、绍兴东湖等。

本书分为两部分，第一部分简介江南园林产生的自然环境、人文背景、园林常识；第二部分以城市为线索，按江、浙、沪的顺序，简述各地园林的历史，并选取当地经典园林作鉴赏案例。对经典园林的鉴赏以游园路径为线索，将园景串联为整体，注重园林的空间布局、池山花木、楹联文辞，弱化建筑细节的描述。然后对园林案例从布局、特征、意匠等方面进行总体评述，关注其地方特征与个性特点。最后通过史料回溯园林的历史风貌，让人意识到园林是动态的、变化着的历史。

本书有较多的个人见解与评述，笔者受时间制约与能力所限，若有不足之处，恳请方家斧正。

# 目录

# 一 江南园林

# 何谓园林

《现代汉语词典》中说，园林是"种植花草树木供人游赏休息的风景区"。《辞海》中说："在一定的地域运用工程技术和艺术手段，通过改造地形（或进一步筑山、叠石、理水）、种植树木花草、营造建筑和布置园路等途径创作而成的美的自然环境和游憩境域，就称为园林。"这两种解释整体而概括，是客观地将园林当作人类改造自然后的产物。

那么，中国古人又是怎么认识园林的？《说文解字》云："'园'所以树果也。"又曰："平土有丛木曰林。从二木。林之属皆从林。"《周礼·地官·序官·林衡》注："竹木生平地曰林。"最早的中国园林，是人们进行农业生产劳动的场所，具有明确的实用功能。直到明清时期，园林依旧保留一定的实用功能，在旧时江南园林中可以寻见农耕生活的印记，如苏州拙政园西北墙下的菜圃与留园的"又一村"、绍兴沈园"葫芦池"边的稻田、湖州小莲庄东部的菜地等。

园林学家童寯（jùn）先生在著作《江南园林志》中，为园林作如下定义："园之布局，虽变幻无尽，而其最简单需要，其实全含于'園（园）'字之内。今将'園'字图解之：'囗'者园墙也。'土'者形似屋宇平面，可代表亭榭。'口'字居中为池。'衣'在前似石似树。日本'寝殿造'庭园，屋宇之前为池，池前为山，其旨与此正似。园之大者，积多数庭院而成，共一庭一院，又各为一'园'字也。"

他认为中国传统园林的布局再怎么丰富多变，其最基本的构成单位都是独立的庭院。园林的基本构成元素，包括园林边界、建筑、山体、水池、花木等。而在园林的具体实践中，其构成元素在形式上更为灵活多变。如园墙是常见的园林边界形式，甚至可以创造性地利用水面与自然山体构成特殊的园林边界形式。像杭州的小瀛洲与黄龙洞，前者将西湖水面作为天然界线，后者把山体崖壁引入园内以成园景并作为边界。

《佛罗伦萨宪章》（国际古迹遗址理事会于1982年12月15日登记）中对园林是这样定义的："园林，作为文明与自然直接关系的表现，作为适合于思考和休息的娱乐场所，因而具有理想世界的巨大意义，用词源学的术语来表达就是'天堂'，并且也是一种文化、一种风格、一个时代的见证，而且常常还是具有创造力的艺术家的独创性的见证。"

在中国传统园林中，往往在水中设有三座岛屿，以象征蓬莱、方丈、瀛洲三座仙山，"一池三山"的园林模式表达了人们对神仙世界的美好想象，暗含对长生不老的追求，像昆明池、西湖、颐和园、拙政园等皆有模仿。中国士大夫饱读诗书经史、擅长琴棋书画，使文学与艺术对园林营建产生了深远的影响。士大夫的内心往往超然物外，园林是他们营造的理想化世界。尽管中国文化重视传统的继承，士大夫们在造园时仍会依据自己的个性巧思细琢，使园林的个性特征更为突出。因此，中国传统园林有不少是中国最杰出艺术家的创造，如王维之辋川别业、苏舜钦之沧浪亭、赵孟頫之莲花庄、文徵明之拙政园、唐寅之桃花庵、李渔之芥子园等。他们为园林注入思想与灵魂，启迪着中国人的智慧与美感。

中国传统园林依据归属与功能，可分为皇家园林、府邸园林、私家园林、衙署园林、公共园林、书院园林、寺观园林、馆社园林、坛庙园林、祠堂园林和陵墓园林等。

**皇家园林**是帝王拥有的苑囿园林，分大内御苑、离宫御苑、行宫御苑三大主要类别，通常规模庞大、建筑奢华、景物丰富，代表园林有北京紫禁城御花园与颐和园、承德避暑山庄、团河行宫等。

**府邸园林**是帝王按王朝的礼仪规制赏赐给显贵宗亲的建筑园林，往往规模较大、建筑华美、重视礼制，代表园林有北京恭王府花园与礼王府花园等。

**私家园林**是私人拥有的园庭，私人的身份可以是文人雅士、隐退官员或大商巨贾，甚至是普通百姓，一般规模较小、池山精美、个性突出，代表园林有苏州沧浪亭、扬州个园、杭州郭庄等。

**衙署园林**是官署衙门建筑中附属的后园，一般规模适中、重视礼制，又略带活泼，代表园林有淮安清晏园、南京瞻园与煦园等。

**公共园林**多从风景名胜区发展而来，通常规模较大、活泼轻松、审美世俗，代表园林有扬州瘦西湖、台州东湖、潮州城壕池等。

**书院园林**是书院建筑中的构成部分，规模大小不一、重视礼制又自然随和，以泮池与亭林为特色，代表园林有长沙岳麓书院、铅山鹅湖书院、苏州正谊书院（可园）、杭州紫阳书院等。

**寺观园林**是寺观内外的园林部分，通常规模较大、重视规制又有宗教内涵，代表园林有杭州虎跑寺、苏州西园寺、常熟破山寺、南昌青云谱等。

**馆社园林**是行业或同乡会馆、社会团体所用建筑群的园林部分，一般规模适中、重视礼制，带有一定的公共性，代表园林有扬州的湖南会馆棣园、湖州钱业会馆、杭州西泠印社等。

**坛庙园林**为坛庙建筑群的园林部分，通常规模巨大、建筑精美、重视礼仪性，代表园林有北京天坛与先农坛等。

**祠堂园林**为祠堂建筑群的园林部分。祠堂为祭祀祖宗或先贤的建筑，又名祠庙，早期的祠在墓地附近，晚期出现与墓分离的祠庙，代表园林有太原晋祠、成都武侯祠、杭州岳王庙、扬州史公祠、无锡寄畅园等。

**陵墓园林**是为埋葬、纪念先人而修建的园林，是在古人"事死如事生"观念下修建的，一般选址设计讲究，氛围庄严肃穆，重视礼制，代表园林有曲阜孔林、南京明孝陵、绍兴大禹陵等。

中国传统园林是中国传统的人居空间，园主寄情山水，将大自然纳入自己的生活空间。其艺术意涵不局限于视觉审美，而是跨越绘画、书法、设计、建筑、园艺、文学、历史、政治、哲学、科技等多门类的综合体。园林是中国人精神生活的场域，一座园林的背后，是园主人的灵魂与志向，也是文化生成的场所。诸如诗歌、展览、出版、琴曲、戏剧、舞蹈、茶艺等中国传统艺术形式，多以园林为背景展开。

## 江南特色

江南园林作为江南文化的产物，其风格特征的形成，离不开江南地区自然环境的影响。早在唐代，诗人白居易曾在他带有回忆气质的词作《江南好》中，咏叹江南苏、杭二州的自然与人文风貌，"江南"也渐渐地成为人间乐土、诗意居所的代称。

"江南"这一用词，在历史上多有变化，既是地理名词，也是文化概念。近代以来，"江南"指长江下游环太湖流域的苏南、浙北与上海市全境。而更广义的江南园林的文化范畴可拓展至长江以北的扬州、泰州、南通，浙江全境与安徽的古徽州古宣州地区、江西的古信州地区等。

本书所讲园林范畴的"江南"，在地理范围上既有长江以北的扬州，也有杭州湾以南的绍兴，以及南京、常州、无锡、苏州、上海、湖州、嘉兴、杭州等地。它们地理、文化相近，但在园林文化上又各具特色。

这片区域地处中国东南部，长江、吴淞江、钱塘江入海口附近；它的范围东濒东海、杭州湾，南抵会稽山脉、四明山脉，西至天目山脉，北达长江流域北岸。江南境内以萧绍甬平原为界，其北为广阔的冲积平原，零星分布低山缓丘；其西、南则有丘陵山脉交错。

江南境内的平原地带，地势低洼、水网密布、湖塘绵延、港汊纵横、溪河连接，著名的水系有长江、钱塘江、苕溪、吴淞江、太湖、南京玄武湖、苏州石湖、绍兴鉴湖、杭州西湖、嘉兴南湖、无锡蠡湖等，得益于优美的水景，不少园林坐落于这些水边湖畔。

上述水网沟通江南与外部的交流，而低洼的地势、柔软的土质，使开凿人工运河水道成为江南的常态。江南著名的人工运河有邗沟、胥溪、江南运河、浙东运河等。除自然河流与人工运河外，这里的水面节节延伸至田间地头，细细浸润到房前屋后，乃至流入园林内部。

唐人杜荀鹤《送人游吴》云："君到姑苏见，人家尽枕河。古宫闲地少，水港小桥多。夜市卖菱藕，春船载绮罗。遥知未眠月，乡思在渔歌。"可见旧时江南陆上交通并不发达，人们的吃穿用住行多与水相关，因此江南得舟楫之利、桥梁飞渡，而舟楫、桥梁成为园林中不可或缺的景物，亦使各类园林材料可顺利运至园址。

同时，江南的自然山水别有风韵，南朝萧梁时期的文学家吴均在《与朱元思书》中，描绘钱塘江中游河段富春江的景物："自富阳至桐庐，一百许里，奇山异水，天下独绝。水皆缥碧，千丈见底。游鱼细石，直视无碍。"江南的灵山秀水启发着历代造园家，如扬州个园秋山模仿安徽黄山，杭州芝园假山模仿灵隐寺飞来峰。

江南的山体，既有连绵的山脉，亦有独立的单丘。前者有浙江的天目山脉、龙门山脉、会稽山脉、四明山脉等，江苏西南部的宁镇山脉、老山山脉、茅山山脉、宜溧山脉等；后者有扬州蜀冈、杭州孤山等。古人因其良好的自然环境，或撷取花木石材以供造园，或在造园时借景名山大川，甚至将园林修建于其间，享受真山真水的陶冶。江南园林所用奇石也多产于江南山间，常见石材有湖石、黄石、天竺石、昆山石、宣石等。

江南为亚热带季风气候区，具有雨热同期、四季分明、空气湿润、降水丰沛的气候特征。这使江南四季、四时风光富于变化，即便是数九寒天，园内依然葱翠一片。江南雨水较大的年份，会有连绵一月之久的细雨，抑或是闷热的梅雨，再或是猛烈的台风雨，湿润的气候使江南产生烟雨迷蒙的优美景象。湿润的空气使粗糙的磐石上长出藤蔓青苔，柔化了石材的方折生硬之感，使园景生机盎然。为了抵御夏季台风暴雨的侵袭，江南园林中的建筑屋顶往往坡度较大、坡面弯曲、四角飞起，因实用需要而产生别样的建筑审美，并由此发展出独具地方特色的屋顶形态。此外，一方面受礼制用色的制约，另一方面为吸湿防潮，江南园林建筑多以白色石灰粉刷外墙。建筑内部使用木门窗、木地板；窗户多作雕镂，达到通风透气的目的。早在宋代，江南白屋素雅整洁的形象就已被帝王所欣赏，宋徽宗在开封艮岳园中建有模仿江南风格的白屋建筑。在这样的气候条件下，江南园林中可供选择的植物种类较多，使园林更易表现出个性。江南园林中常见的植物有梅花、杜鹃、牡丹、蔷薇、石榴、桂花、香樟、竹子、芭蕉、蜡梅、山茶、南天竹等。

不同江南城市间因受地理因素影响，其园林分布存在地方性差异。江南城市在初建时，除参考传统城市规划的网格结构外，还会因地制宜地在城内保留水道、山体与农田，作为城内的交通路径与军事屏障。江南"城市地"园林的营建有不少选址城内此类地段，如苏州沧浪亭、绍兴沈园等。伴随着明清时期商品经济的繁荣，商业街道突破城墙的限制，多沿着水网通向城外交通枢纽或风景名胜，这使得城郊园林兴盛起来，如苏州西郊的石路与西北郊的虎丘山塘街、杭州西湖畔南山路与北山路。商品经济的繁荣不仅促进了江南城邑的繁荣，也造就了市镇与乡村的经济发展，形成了著名的园林市镇如木渎、同里、惠山、南浔、双林、东山、西山等，乡野名胜如西溪、灵岩山、天平山、天池山等亦有园林分布。

## 演化分期

在中国园林的演化历史中，江南园林占据园林舞台中央是较晚的，但经历了中国园林演化的全部阶段。

**第一阶段是从先秦到秦汉，以帝王营造的园林为特色。**园林以实用为主，兼具娱乐功能。当时的帝王追求修建规模宏大的高台建筑，通常会在附近凿池引水。

如商纣王建有鹿台，是纣王储存财物的所在。《诗经·大雅·文王之什》提到周文王建有园林灵台，是周天子祭祀、朝聘诸侯的场所。在百姓的帮助下，灵台不久就完工了，表明周天子的仁德深得民心。此外，辟雍里有周天子欣赏鼓乐，在灵囿里生活着麀鹿与白鸟，在灵沼里有满池的鱼跳跃。

到春秋战国时期"礼崩乐坏"，各诸侯国争相僭越，模仿周天子修建高台园林。"高台榭，美宫室"成为当时的园林时尚，如赵国的丛台、燕国的黄金台、楚国的章华台等。这些规模宏大、建筑华美的宫苑园林，不仅是诸侯生活娱乐的场所，也是诸侯国权力和国力的象征。楚国的章华台在攀登时要休息三次，故称"三休台"，可见其国力强盛。

虽然此时的造园中心在中原地区，但江南受中原文化影响，亦建有高台园林，如春秋时的吴王夫差建有姑苏台，越王勾践在龙山建有越王台。吴、越两国将高台建于山巅，而不像其他诸侯国平地建台，既可节省财力民力，又能起到作为都城制高点观察军事部署的作用。

秦汉时期天下一统，帝王在长安、洛阳一带修建兰池宫、上林苑、建章宫等园林。而强大的诸侯王与富庶的商人也模仿皇家园林修建属于自己的园林，如梁孝王刘武的菟园和大商人袁广汉在北邙山下所筑园林，前者"诸宫观相连，奇果佳树，瑰禽异兽，靡不毕备"，后者"东西四里，南北五里，激流水注其中。构石为山，高十余丈，连延数里"，足见其奢靡。这一阶段在造园方式上多垒土为山、挖地作池，形态、体量模拟真实山川，故园林显得气势宏大。此时江南园林亦随之发展，在山阴（今绍兴）有"灵文侯"的陵墓园林灵文园、太中大夫陈嚣的宅邸"大竹园"、日南郡太守虞国的"虞国墅"等。

**第二阶段是从三国到南北朝，以大家士族营造的园林为特色。**此时造园中心在南北方的政治与经济中心城市，如北方的洛阳、邺城、平城等地，与南方的建康、会稽、江陵等地。皇家园林盛况依旧，出现了铜雀台、芳林园、华林园、鹿苑、乐游苑、兰亭苑、湘东苑等园林。

这一时期佛道盛行，有"南朝四百八十寺，多少楼台烟雨中"之称，不少江南著名寺院园林就初建于这一时期，如无锡惠山寺、杭州灵隐寺等。相比之下，豪门士族营造的园林更为兴盛。西晋时有石崇的金谷园，园内极尽豪奢。"永嘉南渡"后士族南迁，他们将中原文化带到江南，并培育出新的文化，在哲学、文学、书法、绘画、园林等方面取得极高成就。著名的有王导的乌衣巷宅与西园、谢安的东山别墅、沈约的东田小园、谢灵运的始宁山居、王骞的钟山墅等。而东晋永和九年在绍兴兰亭的雅集，不仅是大家士族之间的上巳节修禊活动，留下了一卷绝世墨宝《兰亭集序》与诸多诗文，还使兰亭园林声名远播，成为东亚园林的一种流行范式，如北京故宫中宁寿宫的"契赏亭"、潭柘寺的"猗玕亭"、恭王府花园的"沁秋亭"、四川宜宾流杯亭、日本仙岩园、韩国鲍石亭均受兰亭园林的影响。

**第三阶段是从隋唐到五代，以官宦营造的园林为特色。**此期中国造园中心转移到长安、洛阳一带，知名皇家园林有太极宫、大明宫、兴庆宫、华清宫、西苑等。隋炀帝初创科举制，到唐代完善科举制，使平民出身的知识分子可以凭学问实现阶层上升，成为官员。这些官宦往往具备良好的文化修养，对唐代诗歌、书法、绘画、园林等文化艺术发展的影响较大。当时的官宦名园有王维的辋川别业、白居易的履道坊宅园、杜甫的浣花溪草堂、柳宗元的愚溪园林群落等。官宦们栖居园林、放情山水，寻找出世与入世的结合点。而出土于西安市长安区灵沼乡的唐三彩宅邸明器，其屋宇之前为山池，池畔为山，山上有鸟雀，展现出唐代园林的风貌。

唐末五代时江南的吴越国民生富庶，以绍兴为东府，以杭州为西府，以苏州为中吴军节度使，兴建了不少园林。在西府营建了昭庆寺、净慈寺等寺庙园林；在东府卧龙山下营建了西园，凿渠入园，借景卧龙山，成为绍兴古城内的一处胜境。五代吴越国中吴军节度使孙承祐在苏州修建的池馆，为沧浪亭前身；苏州刺史钱元璙在嘉兴南湖畔筑台造楼以成园林，为烟雨楼前身。

**第四阶段是从北宋到南宋，以士绅营造的园林为特色。**北宋时的江南虽还不是中国的造园中心，但伴随着经济的发展与文化的兴盛，造园之风日盛。

北宋时期的造园中心城市为中原腹地的开封与洛阳，当时中原园林受到江南造园文化的影响。如宋徽宗所造艮岳园中，所用湖石、花木，多来自江南。南宋初年由于宋室南迁，中国的造园中心由中原转移到江南——太湖南岸的杭州与湖州。之后江南地区造园的新观念、新技法、新创造层出不穷，引领了中国园林的发展潮流。南宋杭州园林有百余处，分皇家园林、公共园林、私家园林、寺观园林等，其中以皇家园林、私家园林的艺术成就最为突出。南宋皇家园林分布于都城内外，如凤凰山南麓的大内（南内），有园林"小西湖"；望仙桥畔的德寿宫（北内），有"万寿山""香远堂""芙蓉冈""浣溪""梅坡"等；清波门外西湖畔的聚景园（西园），有"会芳殿""瀛春堂""芳华亭"等；东河附近有五柳园与郭东园；城南钱塘江畔的玉津园，可观赏钱塘江大潮。

皇家园林外，贵族官宦的园林亦争奇斗艳。著名者有韩侂胄（tuō zhòu）在吴山的阅古堂、贾似道在葛岭的后乐园、张俊在雷峰塔下的真珠园、张俊之孙张镃在白洋池的张家园、卢允升在"花港观鱼"的卢园、韩世忠在北山路的梅冈。湖州因地近杭州，成为安置皇室贵戚的所在，使这一时期的湖州园林蓬勃地发展起来，有南沈尚书园、北沈尚书园、赵氏菊坡园、赵氏绣谷园、赵氏小隐园、叶氏石林等。

**第五阶段是元、明至清中期，以文人营造的园林为特色。**各类型的园林，不同程度地受到文人造园的影响。

元代时期，中国的造园中心由太湖南岸逐渐转移到太湖北岸，有赵孟頫在湖州的莲花庄、倪瓒在无锡的清閟阁、顾阿瑛在昆山的玉山佳处、僧人惟则在苏州的狮子林等。

明初，明太祖严令禁止民间造园，江南园林的发展受到挫折。到明代中期，江南造园活动恢复，仅苏州就有吴宽的东庄、王献臣的拙政园等，多数较为质朴。明代中期以后，随着造园禁令的松弛，江南造园名家与园林专著层出不穷，名家有文徵明、文震亨、陆叠山、张南阳、张南垣、计成、李渔、袁枚、戈裕良等，专著有《长物志》《园冶》《闲情偶寄》等。

到明末清初，江南造园活动达到顶峰，造园中心城市有南京、苏州、无锡、松江、杭州、绍兴等。南京有太傅园、魏公西圃、随园、芥子园、石巢园等；苏州有寒碧山庄、拙政园、紫芝园、药圃、天平山庄等；无锡有寄畅园、西林园等；松江有醉白池、秋霞圃、豫园等；杭州有竹素园、皋园、小有天园、安澜园、西溪高家花园等；绍兴有寓园、赵园、青藤书屋、快园、天镜园等。清代中期，最重要的造园中心城市是京杭运河十字路口的扬州。由于两淮盐业的兴盛，扬州成为奢靡的商业城市。《扬州画舫录》形容此时的扬州"以园林胜"，著名园林有街南书屋、大明寺西园等。康熙帝、乾隆帝屡下江南，更是将江南名园仿建于皇家园林中。

**第六阶段是晚清民国时期，呈现出中西园林建筑风格驳杂的时风。**
造园中心转移到太湖东岸、南岸一带，造园中心城市有无锡、上海、湖州等。上海有也是园、小万柳堂、周家花园、半淞园、丁香花园、爱俪园、课植园等，传统与折中风格兼存。无锡是近代兴起的民族工商业城市之一，有蠡园、梅园、横云山庄等，兼具传统园林与近代公园风格。湖州自古园林兴盛，近代以来主要集中于南浔镇上，有小莲庄、嘉业堂、适园、东园、觉园、颖园等，其中仅大园就有五处之多，在社会经济日益衰败的中国近代实属罕见。杭州此时也受西方文化的影响，出现了大量折中风格的园林，如史良才的秋水山庄、刘锦藻的坚匏别墅、蒋苏庵的蒋庄、哈同的罗苑等，亦有少量传统风格的园林，如西泠印社、郭庄、金溪别业等。在晚清战乱后，由于苏州邻近上海，不少新兴官僚商人在苏州购买旧园居住，如贝润生购得狮子林、盛宣怀购得留园等，使不少苏州园林得以重修并延续至今，并有部分新建。

## 造园手法

园林营建是一项综合性的艺术创作，要经过选址、立意、营造等步骤。江南园林的造园手法不仅较为成熟，而且形成了有迹可循的具体方法。

造园之前为园林选址，计成著《园冶》列举的选址有"山林地""城市地""村庄地""郊野地""傍宅地""江湖地"，这六种选址在现存的江南园林中均有范例。"山林地"有变化丰富的地形，有天然的趣味，如苏州虎丘的拥翠山庄；"城市地"闹中取静，与市井形成强烈的反差，如苏州城东北的狮子林；"村庄地"地处田园，可见长堤桃柳，桑麻稻畦，一派明媚的田园风光，如湖州南浔镇边缘的小莲庄；"郊野地"离城不远，多平冈曲坞、花木流水，园主可随时前往居住，如苏州西郊的留园；"傍宅地"园林是建在既有宅第的旁边或后部，由于与居住地毗连，便利于休闲娱乐，如扬州城东的逸圃；"江湖地"园林即使面积较小，由于可借景江、湖，也能气势宏大，如杭州西湖畔的郭庄。

确定选址后，造园者要为园林立意，即主题思想。清代人钱泳在《履园丛话》中提出"造园如作诗文，必使曲折有法，前后呼应。最忌堆砌，最忌错杂，方称佳构"，说明一座优秀园林是在遵循逻辑与规则的前提下富于变化——尤其忌讳元素的堆砌和景物的错乱。与诗文相仿，江南园林佳构既拥有明确的主题线索与上乘的美学意境，更要结合选址特点进行设计。如苏州艺圃入口处幽深曲折，园内则豁然开朗，有含蓄优雅之美；杭州郭庄以水景为中心，诸池形态不同，花树轩廊映入池中，并借景西湖，有明净典雅之感；扬州个园以年岁轮转为线索，以植物、假山、建筑、楹联匾额等提示季节，有四季变换之趣。

选址、立意完成后，是园林的设计与营建工作，首先是对园林平面格局的设计。江南园林的平面格局，以主堂、主池为中心，通常有弱轴线特征。若园内轴线与左右建筑物对称过于明显，园景易显得严肃有余、活泼不足。若园内无轴线，园景易紊乱涣散、缺乏中心。弱轴线亦是园林的代表，如苏州网师园、杭州郭庄。网师园"彩霞池"有两组南北向的轴线，一组由"小山丛桂轩""云岗""竹外一枝轩""集虚斋"构成；另一组由"琴室""蹈和馆""濯缨水阁""看松读画轩"构成。这些轴线上的建筑景物略作朝向偏移，并由游廊池山等隔断遮掩，因此视觉上较为自然和谐。郭庄的三处水池由南往北依次变大，同时轴线上由主要建筑物隔开水池，在中部"浣池"处，轴线做一处不易被察觉的转折。

一般的园林由于面积不大，造园者要让园林富于艺术趣味与美感，需要塑造与拓展视觉空间的层次，常见的构景手法有造景、对景、借景、框景、漏景、障景等。

**造景**是指通过一定的艺术手法，在本园林范围内叠山、理水、筑屋、栽植，创造出特定的园景，如环秀山庄的大假山、网师园的水池"彩霞池"、拙政园的石舫"香洲"、沧浪亭"翠玲珑"的竹林。

**对景**是指在园内有意设计的建筑或林木景致，景观有明显的视觉中心，如郭庄"静必居"处望"两宜轩"、网师园"射鸭廊"处望"月到风来亭"、近园"西野草堂"处望池内黄石假山。

**借景**是指通过借用本园林范围之外的美景并摒弃俗景，使视觉中的园景空间得到拓展与充实，使游园者获得丰富的审美体验，如拙政园借景北寺塔、郭庄借景西湖。

**框景**是指通过建筑物的门、窗、柱等构建，也可以是花木竹林，围合成特定的视觉景象，使平淡而散漫的景物有了画面感与视觉中心，如瘦西湖观景亭"月观"的圆形门洞、罗苑"月波亭"的梁柱。

**漏景**是指通过建筑物的门、窗等构件，掩藏大部分园景，并露出园景的一枝半叶，呈现出深邃多变的空间感，使观者产生美好的联想，如五峰园门厅处的漏窗、西泠印社外墙的漏窗。

**障景**是指通过设置景物以屏蔽主景，形成对空间的分割与重组，使园景变得幽深曲折，形成先抑后扬、空间无尽之感，如拙政园旧入口过渡空间"枇杷园"处的园墙等。

江南园林多假山石峰，这得益于成熟的叠山置石技艺。但要营造出或清逸或峥嵘的形象，需要造园者的巧思与技艺，由此调动游者对自然的体会。叠山由土、石构成，形态有土山、石山、土石山等。土山以泥土堆砌，形似缓丘，其上多生竹木，故而郁郁葱葱。石山以石块叠砌成上台下洞、上亭下洞、石壁、石峰等形式。土石山分两种，一种是土戴石，另一种是石戴土。土戴石假山是在土山上或周围置以叠石，石戴土假山是在石山上或周围置以泥土。叠山注重山体的脉络、走向和肌理，以及与水面、建筑的联系，构成山亭野趣、峰矶临水的艺术效果。山体有峰、峦、岭、岳、岗、嶂、丘、陵等，山体内部有洞、壑等。假山是对真山的模仿，模仿的对象也因江南城市独特的地理位置、自然禀赋与人文传统而各有不同。如苏州园林中的假山多模仿江西庐山五老峰、太湖西山岛林屋洞，扬州园林中的假山有对"九狮图峰"样式及安徽黄山的模仿。置石是以石材造景，起到丰富、补充园景细节的作用，像石峰、石笋等，如豫园的石峰"玉玲珑"、个园春山的石笋、留园"五峰仙馆"墙下的五峰。江南所用石材，有色泽青灰、孔窍的太湖石，色泽黄紫、方折朴拙的黄石，灰白相间、棱角明显的宣石，色泽较黝重、沟壑起伏的灵璧石，色泽浅灰、形似剑身的石笋等。

凿池理水是对园林水体的设计与处理，需要处理好水与岸线、建筑、花木、山体等的整体关系。水体有湖、池、河、溪、渠、港、湾、峡、涧、瀑、泉等，另外有岛、屿、堤、矶等水景形态。一般江南园林内多水池，水池形状有接近几何形的，如葫芦池、扇池、方池、圆池等，也有模仿自然形态的。水体岸线的处理，较规整的岸线以条石、虎皮墙等作护坡；较自然的岸线以湖石、黄石等作护坡；亦有保持天然滩涂、土坡的。水体的面积大小、形态走向、曲直变化等，会影响游人对园林空间深度的感知。

江南园林建筑形态丰富，有厅、堂、楼、阁、轩、馆、斋、榭、亭、桥、舫、塔、廊、墙、牌坊等，多为粉墙黛瓦的基调，木构部分有漆黑、枣红、栗棕、墨绿等色。建筑构件有门、窗、栏、靠、罩、屏、架等，为建筑增添审美趣味与细节层次。园林建筑与水面、山体、花木产生联系，容易构成园内视觉中心。而串联起各处建筑的路径，既是游园的线索，其本身形式也具有美感。园林路径形式有土路、石路等，而铺地是较有特色的园林地面处理形式。铺地多用砖、石、瓦、瓷、马赛克等材料，可铺成器物纹、动物纹、植物纹、几何纹等图案。

园林对花木种类的选择，受民族文化审美习惯的影响，有时又体现出园主的个性与喜好。江南园林中花木种类繁多，常见的有柳树、樟树、朴树、松树、柏树、枫树、玉兰、银杏、桂花、菊花、木芙蓉、山茶、石榴、樱花、葡萄、枫香、芙蓉、南天竹、辛夷、夹竹桃、青桐、黄杨、迎春、金银花、芭蕉、龙爪槐、睡莲、爬山虎、竹子、牡丹、芍药、海棠、荷花、紫薇、凌霄、紫藤、萱花、蜡梅、梅花、棕榈、无患子、女贞等。另外，盆景与菜圃也是园林的有机组合形成。园内会陈设石案来摆放盆景，甚至辟出专门区域种植盆栽。还会在园林角落辟有菜圃，让园主体会农耕自娱。旧时的江南园林中多有动物生活，构成生机勃勃的小天地。常见的如鸳鸯、仙鹤、孔雀、猫、狗、鱼、龟、鼋、蛙、蝴蝶、蜻蜓、蝉、蜗牛等。

江南园林往往通过诗意的文字借景抒情、托物言志，增加游园趣味。其常用形式有匾额、楹联等，游者阅读其上文字可得到情景交融的感受，引出园景的诗情画意。《红楼梦》就借贾政之口说"偌大景致，若干亭榭，无字标题，也觉寥落无趣，任有花柳山水，也断不能生色"。楹联的诗文含蓄地点出造景意图或妙处，甚至透露出园主的内心世界。扬州何园联："月作主人梅作客，花为四壁船为家。"既点出园景妙处，合乎扬州人喜月爱梅的地方文化，又暗含园主人早年的一段海外漂泊岁月，身处此园景阅读此联，会引起游园者的共鸣。杭州孤山行宫旧址"西湖天下景亭"联："水水山山处处明明秀秀，晴晴雨雨时时好好奇奇。"点明西湖山水特点，游人又可通过不同的句读方式获得不一样的感受。而匾额的形式一般有两种，即横匾与竖额。两类匾因文字书写方向的或横或竖而命名，此外园林里可见的有虚白额、书卷额等。楹联的材质有木联、竹联，也有石刻、砖雕等，形状有模仿古琴、芭蕉等物。"书者，心画也"，书法传达书写者的内心世界与精神气质。匾额、楹联上的书体有篆、隶、楷、行、草等，不少是由书画名家所写，为园林增添风雅之趣。

二 园林与人

# 人文溯源

中国园林能成为独特的艺术门类，得益于中国文化深厚的人文积淀。中国园林是传统思想文化的外化，具体到某一座园林时，其背后又有个性化的思想。造园者在熟练地运用造园技能之外，还需要具备一定的思想、品格、学养与才情，以园林的形式表达出自己的精神与心声。

中国园林脱胎于囿、圃、亭、台等，修造它们的目的是狩猎、种植、存储、畜养、祭祀、观测等实用功能，兼有休憩、宴饮、游览、戏乐等附属功能。到秦汉时期，帝王们将神话传说故事中的形象创作成园景，以寄托对长生不老与神仙境界的向往。汉武帝为追求长生不老，于长安甘泉宫制托盘仙人以承接甘露。而在建章宫的太液池，武帝命人堆叠以蓬莱神话中蓬莱、方丈、瀛洲三仙山命名的岛屿，后成为中国园林常见的山水格局。武帝又在周代灵沼基础上开掘昆明池，园景有以蓬莱神话中鲸鱼为原型的石刻鲸鱼，还有以牛郎织女神话中牛郎、织女为原型的石刻人像。

魏晋时期社会混乱、玄学盛行，士人崇尚自然，向往耕读田园，热衷游历山水。南朝画家宗炳《画山水序》认为"山水以形媚道，而仁者乐"，将山水视为恒久规律"道"的化身。中国首位田园诗人陶渊明归隐时作《归园田居》，有"少无适俗韵，性本爱丘山"与"久在樊笼里，复得返自然"的诗句，抒发对山水田园的热爱，以及追求精神世界的自在状态。他在乡间的居所，有八九间草屋，面积十余亩，房屋前后种植桃、李、榆、柳，可远望村落的烟火，闻听鸡鸣、狗吠之声。与先秦时纯粹用于生产生活的园林相比，陶渊明更享受精神生活的快意与满足。后人仰慕陶渊明隐逸生活，造园时多用陶氏作品命名园景，如明人王心一的归田园居有"小桃源"、唐寅的"桃花坞"。谢灵运作《山居赋》，叙述在曹娥江上，位于山水间的东山始宁别墅。其规模颇为巨大，甚至将著名的自然景观划入园内。

在魏晋名士热衷隐逸的背景下，诗人王康琚提出"小隐""大隐"的概念。他的《反招隐诗》云："小隐隐林薮，大隐隐朝市。"唐人白居易在此基础上作《中隐》："大隐住朝市，小隐入丘樊。丘樊太冷落，朝市太嚣喧。不如作中隐，隐在留司官。似出复似处，非忙亦非闲。不劳心与力，又免饥与寒。"继而提出"中隐"思想，做到物质生活、社会生活与精神生活的平衡。诗里阐述的中隐生活的乐事、雅事，有登临、游览、赴宴、欢言、高卧等。白氏"中隐"思想的结晶，是在洛阳城东南的履道坊修建的园林，既不远离都市繁华，又得山林雅趣。

魏晋至隋唐时期佛教流行，出现大量寺庙园林。佛经里有释迦牟尼在给孤独园与竹林精舍说法的故事，寺庙与园林结下不解之缘。《洛阳伽蓝记》所记录的北魏洛阳寺庙园林，栽植了不少异域花木。古典园林中可见的荷花、莲花、菩提树、石塔、须弥座花台等，就有佛教文化的影响，如苏州的西园寺与狮子林等。在护生观念下，寺庙园林有放生池、放生园，供放生鱼、虾、龟、鸟、鹿等。

南宋以后，大量中原人口南迁，经济、文化中心南移。江南城市人口稠密，园林面积日渐缩小，造园手法日趋精巧。佛教有"芥子纳须弥"观念，认为一粒芥子可容纳须弥世界；道家有"壶中天地"观念，认为葫芦内可装入朱堂富丽，都是"小中见大"观念的产物。江南园林受客观条件制约，接受此类"小中见大"的造园观念，更注重园景的精致细腻、巧夺天工，如南京芥子园、苏州残粒园、绍兴青藤书屋等。

儒家有"达则兼济天下，退（穷）则独善其身"的观念，园林作为居所的同时，也是园主心灵的港湾。园主会以托物言志的方式，借助园林明确而含蓄地表达自己的心声。拙政园的"香洲"，其名来自屈原《九歌·湘君》中的"采芳洲兮杜若"，杜若花有独特的香味，诗中描述此花生长于岛洲上。网师园的"小山丛桂轩"，其名来自《招隐士》作者淮南小山与该诗首句"桂树丛生兮山之幽"，此诗意在劝说隐士归隐。这些名称带有文学典故，在古时只有较高文化水准的人，才能理解其意蕴。古人造园时追慕先代名园，以园景继承、致敬传统园林文化。兰亭雅集的典故在中国家喻户晓，如上海曲水园、无锡寄畅园、杭州竹素园等效仿兰亭曲水的园林模式，甚至连名字也来自相关诗文。辋川别业因王维诗文书画的传播而声名远扬，明人钱岱在常熟虞山下建园林小辋川，后人又在其旧址上建赵园、曾园，并有"小辋川"石刻题记。

园主或造园者对亲历的山水，往往情有独钟。白居易宦游苏杭，晚年归居洛阳履道坊，园中有他从江南带来的天竺石、太湖石、白莲、折腰菱、青板舫，他在《池上作》里描述这座园林"丛翠万竿湘岸色，空碧一泊松江心""树高竹密池塘深"等，描绘这座园林的江南意象。画家吴待秋别号"括苍亭长"，建苏州残粒园有景名曰"括苍亭"，表达了对浙江台州括苍山的喜爱。也有园林会模拟所在地的著名园林景观，像苏州怡园就模仿了苏州四大名园。

## 林下生活

园林不仅是用于观赏的，也是人们居住、劳动、休憩、娱乐、创作的场域，园林生活更是对生活品质与精神世界的追求。宋人洪适记录他在盘州园内的生活是"朝而出，暮而归，非有疾、大风雨，不废也哉"。旧时生活在园林里的人，能感受四季、四时与天气变化，获得视觉、听觉、嗅觉、触觉、味觉等直观感受。

早期的园林多修建在山水田园间，其功能是生产劳动。而晚期的园林多修建在城市及周边，并日趋小型化、精致化，其功能以游赏为主，却依然保留了农事活动的空间。唐代诗人王维在蓝田建园林辋川别业，作诗《酬诸公见过》，有"屏居蓝田，薄地躬耕。岁晏输税，以奉粢盛"。表明他亲自耕作，所得粮食多用于缴税与祭祀。明代文学家王世贞为无锡文士安绍芳作《安氏西林记》，有"泉可以酿，果蔬可以羹，鱼鳖虾蟹可以杳客"，可见明代时依然保留园林部分实用功能。之后随着江南园林的观赏功能日益增强，园主多以农事活动获得生活乐趣，有养护盆栽、种植果蔬、采撷野菜、浇灌药草、挖笋垂钓、摘菱取莲、饲养鸡鸭等，园林的农业生产功能逐渐转变成农耕自娱。《红楼梦》中大观园的"稻香村"不过黄泥矮墙、茅屋数楹，种植桑、榆、槿、柘，并"分畦列亩，佳蔬菜花"，贾珍还命人买鹅、鸭、鸡等家禽，使之更接近真实的乡野农户的生活。而像拙政园、留园、小莲庄等，曾经留有菜地。

园居生活也可以是安逸闲适、潇洒风雅的。常见的园居活动有读书著作、吟咏诗歌、习作法书、绘制丹青、鉴赏古玩、焚香品茗、花木盆栽、供花插花、弹琴演曲等。

园林静谧柔美，是适合收藏、阅读书籍的场所。园林通常设有书斋，甚至有专门为藏书而设计的园林，如宁波天一阁、杭州文澜阁、湖州皕宋楼等。藏书、读书之余，园主可在园内创作各类著作，如司马光在洛阳独乐园作《资治通鉴》，李渔在南京芥子园写作《闲情偶寄》与曲文等。园林内景物雅致，文人触景生情，创作诗歌以抒发情感。书法是古代文人修身的途径，文人可在园内或临习前贤名迹，创作书法作品。如王羲之在兰亭作《兰亭集序》，文徵明在自家园内的"玉磬山房"作《新燕篇》，吴昌硕居西泠印社时创作多件书法作品。园主也常将名家法帖镌刻石上，镶嵌壁间，使游园之时也能观摩法书。园内也可绘制丹青，如画家恽寿平在常州瓯香馆绘制没骨花鸟画，人物画家陈洪绶在绍兴青藤书屋创作。有时画家会将园景入画，如张宏《止园图》、吴彬《勺园图》、钱贡《环翠堂园景图》等，成为园林留于世间的图像记忆。

宋代以后随着"金石学"的兴起，对古物的鉴赏也成为园林生活的一部分，不仅能抒发思古之幽情，也能引发对历史的思考。宋人李公麟作《西园雅集图》，描绘文人们在西园中鉴赏古物的情形。宋人吴自牧《梦粱录》记载宋人"烧香点茶，挂画插花，四般闲事，不宜累家"。焚香与品茗是园中雅事。焚香用于驱虫祭祀、打坐燕居、静润身心，在汉代已存在，常见于明清时的园居生活。品茗可提神，使园居生活更为惬意、舒畅。江南园林里有专为品茗设计的建筑，如苏州艺圃的"延光阁"及无锡惠山寺的"竹炉山房"。花木盆栽顾名思义，为种植于盆内的花卉草木。盆景是园林中较常见的盆栽形式，由小巧的草木花树、土石水体构成，形似微缩的自然山水。园主不仅会精心修剪养护盆景，甚至会仔细琢磨盆景的摆放位置与朝向。插花脱胎于佛前供花的习俗，在宋代较为流行。传为北宋赵佶《听琴图》的前景灵璧石上陈列一插花，为当时园林插花的写照。抚琴是文人在园内获得愉悦、闲居修身的方式，苏州网师园就有"琴室"。园林曾是戏曲演出、排练的场所。明清时期昆曲一度流行于大江南北，园主为此专门建有家庭戏班，不少新曲目的排演就是在园林中进行的。同时，昆曲作品中的故事背景也有取自园林的，如汤显祖的《牡丹亭》、洪昇的《长生殿》等。有的园林专门为戏曲建戏台等建筑，而像杭州小南园建有临水平台，供园主唱曲时使用。

  雅集源于仪礼宴饮，但重于文学艺术创作，更具文雅性与社交性。汉代以来，著名的雅集有梁孝王刘武在兔园的"梁苑之游"、石崇在洛阳金谷园的"金谷园雅集"、曹丕兄弟在邺城西园等处的"邺下之游"。汉末至魏晋是一段乱世，受老庄思想影响的士人嵇康、阮籍、山涛、向秀、阮咸、王戎、刘伶在竹林下"肆意酣畅"，被尊称为"竹林七贤"，他们的言谈举止影响了后世文人的精神世界。西晋末衣冠南渡后，不仅在江南建立东晋王朝，还模仿中原雅集模式在江南园林中举办雅集活动。其中最重要也最著名的一次当属"兰亭雅集"。雅集上举行曲水流觞仪式，众人或饮酒，或吟咏，或游春，所作诗篇37首被汇编成集，并由召集人王羲之为诗集作序《兰亭集序》，此序为书法与文学名作，兰亭几乎成为书法的代称。以"曲水流觞"为中心的兰亭雅集方式不仅流传于国内，还远渡重洋到达日本与朝鲜半岛，今天这些地方还保存有以曲水流觞为主题的园林或园景。北宋元祐年间在驸马都尉王诜府邸西园举办的"西园雅集"，为园林雅集活动增添更多的内容。参与者有苏轼、苏辙、黄庭坚、秦观、李公麟、米芾、道人陈碧虚、僧人圆通等 16 人，众人或捉笔而书，或赏鉴古物，或题写石壁，或演奏阮咸，或讲说经文。事后由李公麟绘《西园雅集图》，米芾作《西园雅集图记》，影响了后世雅集题材绘画的创作。元代的"玉山雅集"是昆山人顾阿瑛在自家园林"玉山佳处"举办的雅集。"玉山佳处"又名"玉山草堂"，雅集参与者有黄公望、王蒙、倪瓒、杨维桢、柯九思、张渥、唐棣、王绎、顾坚等南北名士，雅集持续了 33 年，共举办了 182 次。"玉山雅集"不仅创作了大量诗文书画作品，还促使文人进行交流，初创"昆山腔"，即昆曲的前身。

三　南京园林

# 概说

南京古称金陵、秣陵、建业、建康、应天、江宁等，简称"宁"。地处江苏省西南部，南倚天目山脉，长江穿境而过。依托长江航道与地处南北要冲的便利，舟车辐辏、人口浩繁，成为中国最重要的大都会之一。优越的地埋位置，使南京建都王朝极多，有"六朝古都""十朝都会"之称，不少达官显贵居住于此。南京文化教育发达，有"天下文枢""江左风流"之誉，文人雅士多云集于此。雄厚的经济、政治、文化基础，使历史上的南京园林蔚为大观。

六朝时期为南京园林发展的第一次高峰，可分皇家园林、私家园林与寺庙园林。三国时孙吴建都南京，建有后苑（内苑、建平园）、西苑、桂林苑、华林园等，这些皇家园林是南京园林的先声。而"永嘉南渡"后，南迁的士族将发达的中原文明带入江南，随之而来的是园林营建的持续兴盛。此期兴建的皇家园林有上林苑（西苑）、乐游苑（北苑）、华林园（芳林苑、芳林园、桃花园）、方山苑、玄圃园（玄圃苑）、博望苑、江潭苑（王游苑）、新林苑、南苑、兰亭苑等。其中，华林园历经孙吴、东晋、宋、齐、梁、陈，是六朝时期最著名、也最华美的皇家园林。华林园始建于三国孙吴宝鼎二年（267），原为吴主孙皓新建显明宫的苑囿。园内垒土作山、珠玉饰楼、置以奇石、开渠绕殿。晋室南迁后继承孙吴的显明宫苑囿，改名"华林园"，其旧址在今鸡鸣山、北极阁、武庙遗址一带。"华林园"之名来自洛阳芳林园，洛阳芳林园初建于东汉，曹魏时为避齐王芳讳更名"华林园"。南京华林园中"景阳山""天渊池""光华殿"等景物名称与洛阳华林园一致，南迁皇族以此标榜与中原文明的纽带。华林园毁于隋朝毁建康城之时。再如兰亭苑，为模仿绍兴兰亭"曲水流觞"而建，是南朝帝王贵族们游宴雅聚的园林。

这一时期南京私家园林多由皇室、士族、文人所拥有，著名的有：

王导的乌衣巷宅与西园、谢安的乌衣巷宅与土山、沈约的东田小园、萧伟的芳林苑（御园赏赐）、王骞的钟山墅、吕文显的大宅、司马道子的灵秀山、萧巋的桐山、梁谢举的园宅、徐旭的东田小园、谢灵运的宅院、庾诜的宅园、萧长懋的东田小苑等。其中，沈约的东田小园是在整理自然荒地的基础上修建起来的，园中修造楼阁高轩，陆地种植紫蘩、天薯、山韭、雁齿、牛唇等，水上种植芡、芰、菰、蒹、荷等。无独有偶，徐旭的东田小园与之同名，园内楼宇高敞，栽种桐竹桃李，陆地阡陌纵横，水中生长荷花菱白。

隋唐宋元时期，南京园林整体呈衰落状态。隋唐时南京被改名为蒋州、扬州、升州等，地位一落千丈。此期新建的园林仅有江宁县衙署的琉璃堂与乌榜村的冷氏别墅。五代时南唐国建都，南京园林短暂复兴，如李氏的高斋、江宁府园、沈彬的沈氏园、徐铉与其弟徐锴的徐氏园、王室李建勋的青溪草堂等。宋代，南京城市逐渐复苏，造园活动开始恢复。有王安石的半山园、史正志的东园、徐铉后人的徐秀才园、高定子的绣春园、马光祖在百花洲修建的青溪园等。

自明清到近代，南京城市日益繁华，其园林发展迎来了第二次高峰与最鼎盛的时期。明初，明太祖朱元璋严令皇室子孙"凡诸王宫室，并不许有离宫别殿及台榭游玩去处"。规定百官"不许于宅前后左右多占地，构亭馆，开池塘，以资游眺"。明中期以后随着商品经济的发展，社会上开始追求物质与精神享受，到明晚期则更追逐奢靡风气。陈诒绂著《金陵园墅志》记载，明代南京有园林130余处，重要的有：姚涞在大油坊巷的市隐园、徐霖在箍桶巷的快园、朱可涅在沙湾的同春园、王从善在旧学宫西南的二君堂、陈芹在秦淮河边的邀笛阁、顾璘在淮清桥的息园、顾铭在城南的日涉园、顾起元在凤凰台的遁（通"遁"）园、朱之蕃在谢公墩北的小桃源、阮大铖在门西的石巢园、吴应箕在小仓山的吴氏园。其中，姚涞在大油坊巷的市隐园，造园之前得到顾璘的指点，园内控制建筑物的密度并种植大量树木，园中有景"中林堂""春雨畦""鸥波洗砚矶""浮玉桥""芙蓉馆"等。姚澍园林命名多应古人诗情画意，如"市隐园"之名，合唐代诗人白居易"大隐住朝市，小隐入丘樊"之意；"鸥波洗砚矶"之称，含仰慕元代书画大师赵孟頫之意。徐达是明王朝的开国重臣，被封为魏国公与中山王，其后人承袭魏国公的爵位，在南京生活近200年，营造了大量园林。生活于明代中晚期的王世贞在《游金陵名园记》中，记录下徐氏家族的10处园林，著名者有太傅园、魏公西圃等。

明清鼎革，南京虽不复有国都地位，却依然是江南重要的政治、经济、文化中心。南京园林在短暂的衰退后达到巅峰，无论是园林的数量还是质量，与明代相比有过之而无不及。有佟国器的僻园、孙星衍在王府园一带的五松园、陶湘在城西南的冰雪窝（原阮大铖石巢园）、李渔在中华门东老虎头的芥子园、袁枚在小仓山的随园、张继庚在汉西门的张氏园、陈作霖在安品街的可园、汤贻汾在大纱帽巷的琴隐园、刘文陶在中华门外的雨花山庄、蔡钧在复成桥东的韬园、龚贤在清凉山的扫叶楼、熊赐履在清凉山侧的朴园、魏源在乌龙潭边的小卷阿、丁雄飞在乌龙潭中的心太平庵、陶澍在龙蟠里的盋山园、薛时雨在乌龙潭的薛庐、秦大士在武定桥东的瞻园、顾云在龙蟠里的深柳读书堂、薛家巷的屈子祠园，还有秦淮河上的杨氏水阁、林氏水阁、烟月双笼水榭、画船箫鼓水榭、梦六轩水榭、停云榭、怀素阁等。以上园林，或分布于秦淮河畔，或分布于清凉山上及附近，或分布于乌龙潭及周围。其中，以李渔的芥子园与袁枚的随园最为出名。李渔的芥子园不仅是园林，也是李渔的工作室、刻书坊与家班的所在。园内有"浮白轩""栖云谷""月榭""歌台"等诸多园景，却位于面积不及三亩的土地上，故取"芥子纳须弥"之意得名"芥子园"。而袁枚的随园坐落于小仓山麓，地貌有山丘、池塘、水田、河流等，造园地理环境得天独厚。惜两园均毁于清末。

南京现存的古典园林有瞻园、煦园、愚园、华严庵等，其中瞻园、煦园为衙署园林，愚园为私家园林，华严庵为寺庙园林。瞻园、煦园在明代时为府邸园林，入清后成为衙署园林，新中国成立后屡经修缮与扩建。愚园最初为府邸园林，后成为私家园林。而华严庵原为私家园林，后成为寺庙园林。另外，有陵墓园林明孝陵。其余如晓园、复园、扫叶楼等，为新中国成立后重建。

# （1）瞻园

瞻园被誉为"金陵第一名园"，地处南京城南，邻近秦淮河的夫子庙历史文化街区。瞻园是一座富有历史底蕴的园林，其归属更换频繁，园貌变化剧烈，见证了明清至近现代江南地区近五百年政治、文化的变迁。

瞻园在新中国成立后有三次大规模的修缮、改造、扩建。现存瞻园分四部分：太平天国博物馆、东区、北区与西区。其中，西区为历史遗留，代表瞻园园林艺术的精华，本节所述之瞻园正是这一部分。西区面积仅5333平方米，由三山、两池、一溪、一堂、一廊构成。其南、西、北三面被假山与水面包围，中部是作为主体建筑的厅堂，东部有一条游廊，其余轩亭零星点缀在游廊、假山间。

从瞻园第二道门仪门西折，再由一小门经游廊西折过"翼然亭"，可望见西区的游廊、立峰与山亭，标志着正式进入历史园林区域。

首先进入的是由游廊、"南池、南假山"、"静妙堂"、西假山组成的南部幽静院落。静妙堂向南伸入南池处建有"水榭"，与南假山互为对景。南池、南假山是古建筑学家刘敦桢先生的杰作。南假山正面用太湖石叠砌，背面以泥土堆垒。全山前低后高，向水面作环抱之姿，与水面构成递进的空间关系。南假山前一层次较矮，由山洞、汀步、石矶等组成，游人可穿山入洞、登临汀步，饱游饫看。南假山后一层次较高，由峰峦、悬崖、洞壑、险径、暗河、瀑布等组成，山间石缝杂莳花木，显得嶙峋多变、幽深雄奇。南池水面由静妙堂西侧的溪涧通往园内主景的北部池山。

"翼然亭"与曲廊

"静妙堂水榭"

"南池、南假山"

　　北部池山区域保留了较多历史风貌，假山、北池、厅堂呈中轴格局。与南部院落的幽深静邃不同，北部池山显得宏阔开朗，呈东廊、南堂、西丘、北山、中池格局。北部池山的主堂静妙堂坐南朝北，面阔三间，硬山顶，形制简朴。堂北为一片平地，以碎石铺地其上架植紫藤、栽种青桐，边置石峰；此平地略高于水面，起风时有池水拍岸的效果，宛若真实湖面。

　　北假山隔北池与静妙堂相望，主要由湖石叠砌而成。山体下部横向延绵，由较小块的石材拼合而成，为明代的原物。山体上部纵向伸展，由大块的壁状石材并列成石屏，为后来增筑。北假山磴道迂回，似塞实通；山间有旱桥凌空，横跨山谷；山脚有七座明代"古洞"，现已封闭。

"静妙堂"与堂北紫藤架、青桐、石峰

北假山"古洞"

北假山的基本形态，主要是模仿峡江纤道与浸水石矶。又以几乎与水面平齐的水岸道路，衬托山体的高耸。水岸道路以两座石桥与东、西岸相连，其中一座"四折石桥"，形态细长，不设边栏，以湖石为桥墩，桥身几乎平贴于水面。北池水面向山的东北方延伸，形成山环水抱之势。池东为晚清风格"游廊"，有临水"方亭"一座，居亭中可细品园内林泉丘壑。

"四折石桥"

池东"游廊"
与"方亭"

北池西侧为模仿平岗微丘的西假山。山为南北走向，以土山为主，湖石为辅。山间栽种青松、翠竹、蜡梅、女贞等寓意高洁的植物，显得郁郁葱葱，不仅有山林野趣，还将西墙及其后方的现代建筑掩去。有一小径穿行于山间，串联起"岁寒亭"与"扇亭"。岁寒亭因周植"岁寒三友"而得名，由此可俯瞰北部池山。往南为扇亭，位于山巅，有路径经湖石山谷、溪涧汀步可抵达静妙堂。此外，湖石山谷中有洞穴，可行访幽之探。

"岁寒亭"

现存瞻园的弱中轴格局，空间疏朗，建筑简约，有部分明代遗风。园以奇石叠山为胜，特别是假山以半环绕的方式围绕着建筑与水池，使整个地形宛若谷地，营造出类似真山林的质感。

明人王世贞作《魏公西圃》记载，明代瞻园所用石材较为丰富，有产自苏州洞庭山的湖石、德清的黄石与昆山的玉山石；此外连同用材、花木也是精益求精，可见当时瞻园所用石材的种类比今日更为丰富。童

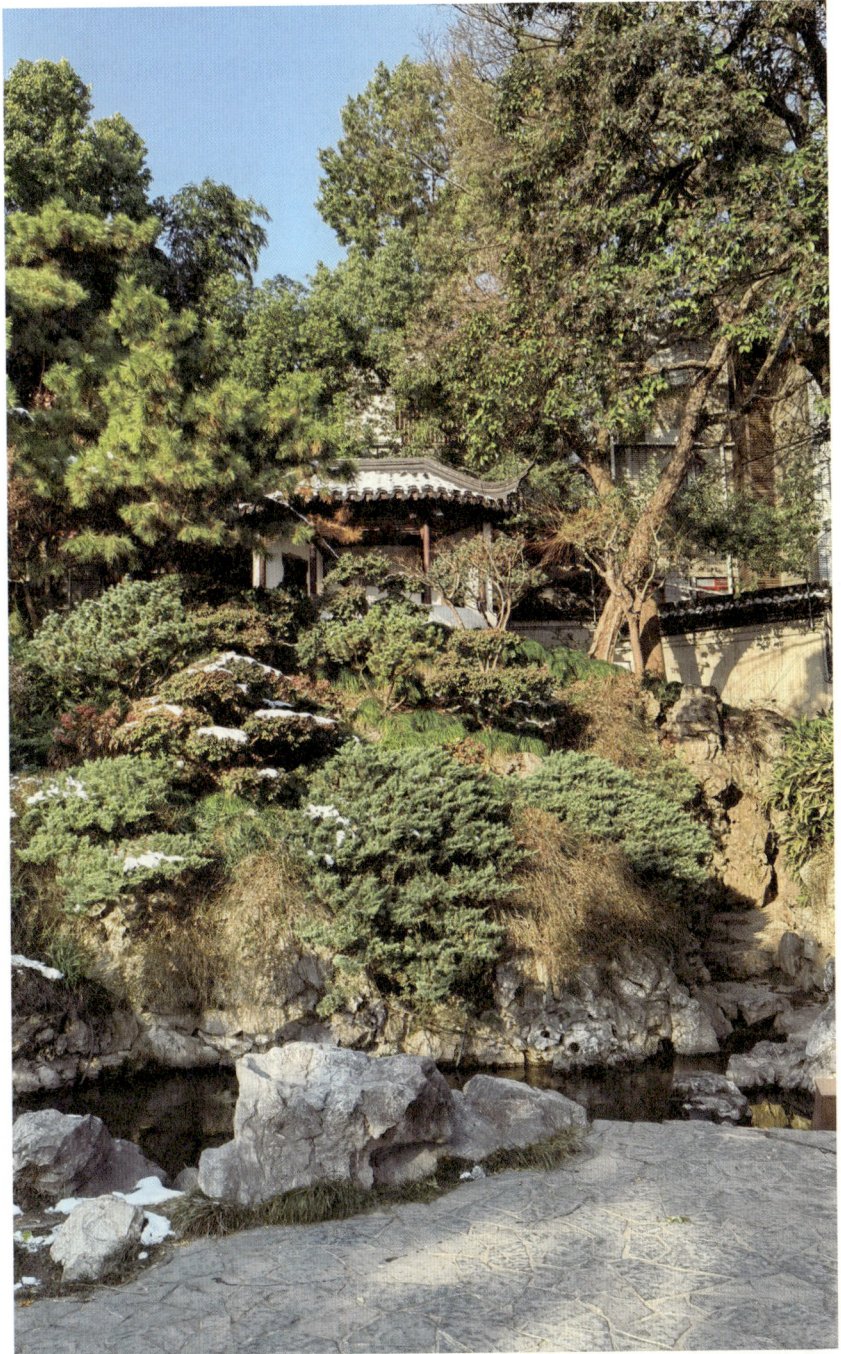

"扇亭"

寓先生在《江南园林志》中说瞻园："山石传系宣和遗物，下有七洞，南临水涯……咸同战后，景况全非，湖石且有先后散入邻园近宅者。"这表明园景经战乱变化剧烈，奇石多有流散。

瞻园所在地曾是明初魏国公、中山王徐达府邸的一部分。在明初并没有瞻园；到明朝中期，随着禁令的松弛和经济的发展，造园之风日趋兴盛。军功贵族在经历数代的文化熏陶后，审美趣味开始受到新崛起的"吴门画派"及其文人文化的影响，徐氏家族也不例外，在南京城内外有多处园墅。现存文徵明《东园图》，是对徐氏家族另一处园林东园的描绘。[1]

嘉靖年间，徐鹏举始建瞻园，初名"西圃"。入清后由江南省左布政使署、安徽布政使署等使用。乾隆帝在长春园内仿瞻园建"如园"，后瞻园被太平天国使用。

新中国成立后的瞻园已残破不堪，文物部门多次修缮改造。据刘敦桢先生的勘察，当时瞻园仅余西区部分，与今日园貌有差别。原入口在南池东南角狭小的门廊处，这样的设计是为了与疏朗的园景产生剧烈的空间反差，游园者如寻访"桃花源"的渔人般有豁然开朗的观感。南池原为扇形水池，形状规整、面积狭小，四周石峰简陋，园景荒芜残破。西假山上有两座亭子，一座为朝南的"岁寒亭"，另一座是六角小亭。北假山与东廊相接，山顶原为六角形茅草亭。东廊方折齐整，连接着北假山与静妙堂，静妙堂、北池与今日面貌相差无几。

20世纪60年代，刘敦桢先生主持了对瞻园的修缮、改造工作，形成了今天瞻园的格局。刘敦桢改造了瞻园的以下部分：将南池扇形的规则水面改为葫芦形水面，拆除南池石峰另造南假山；将西假山的朝南的"岁寒亭"改成朝东，六角小亭改作扇亭；拆除北假山的六角形茅草亭，新造石屏主峰；东廊由规整方折改为柔和曲折，并修建花厅，形成新的入园口。

---

1. 今白鹭洲公园。

四　扬州园林

# 概说

扬州古称邗江、广陵、江都、邗城、维扬等。地处江苏省中部，地势西高东低，南临长江，境内以平原为主，湖泊、河道密布，丘陵山地零星分布，京杭大运河南北向穿境而过。扬州因地处古代江、淮间交通要冲，被南宋词人姜夔称为"淮左名都"。

扬州园林的历史，有近1600年。春秋时吴国开邗沟、建邗城；战国时楚国筑广陵城；汉初为吴王刘濞封地，是当时中国东南一大繁华都会。扬州最早见于记载的园林，可追溯到南北朝刘宋时期（420—479）。文学家鲍照在感怀广陵城兴衰的《芜城赋》中有："若夫藻扃黼帐，歌堂舞阁之基；璇渊碧树，弋林钓渚之馆……"表明广陵城内有旧时园林，修建时代似在南北朝或之前。《宋书》说广陵有高楼旧迹，楼上视野开阔，可南望钟山（今南京紫金山），北眺陂泽。宋武帝刘裕外孙、名臣徐湛之修缮高楼，同时于楼下新建"风亭""月观""吹台""琴室"，并栽植果竹花药，招徕文士，悠游雅集，其风雅似金谷宴乐、兰亭修禊。

隋炀帝杨广登基后，为了加强关中与新统一的华北、江南的联系，将已有运河疏浚、拓宽，构筑成全国性的大运河体系。隋炀帝大业年间（605—618），杨广三次巡幸扬州，修建了大量的皇家园林。在扬州城北蜀冈修建的江都宫，郊外修建的显福宫、临江宫（又名扬子宫）最为著名，此外还有归雁、回流、九里、松林、枫林、大雷、小雷、春草、九华、光汾等离宫园林。大业十四年（618），部将宇文化及弑隋炀帝于江都宫，葬于流珠堂下，后改葬于吴公台下。而隋代行宫在后世多改为佛寺，有上方禅智寺、观音山寺等。在清人李斗的记录中，上方禅智寺有"八景"："在寺外者：月明桥一，竹西亭二，昆丘台三；在寺内者：三绝碑一，苏诗二，照面池三，蜀井四，芍药圃五。"

唐代时"扬州富甲天下，时人称扬一益二"。唐人李复言撰写的传奇小说集《续玄怪录》中有篇《裴谌》，说在唐朝贞观时（627—649），修道者裴谌住在樱桃园北，其园林以"楼台重复、花木鲜秀"著称。《太平广记》写唐时"有大贾周师儒者，其居处花木楼榭之奇，为广陵甲第"。[1]这两处文字不能作为正史，但从侧面表明扬州园林重视楼台营造、花木栽培是当时的特色。

北宋时期，扬州新建园林有郡圃、丽芳园、壶春园、万花园等。而修建于大明寺西的"平山堂"，是欧阳修在扬州任职期间宴请文人雅士之处，后来成为一处著名园林。欧阳修在城内后土庙（今琼花观）建"无双亭"以观琼花。再如禅智寺、龙兴寺、朱氏园等园林，以芍药花著称。南宋到元初，扬州饱经战火蹂躏，城市园林化作废墟。南宋词人姜夔作词《扬州慢》中有"尽荠麦青青。自胡马窥江去后，废池乔木，犹厌言兵"，记述当时扬州园林的情况。其间虽有新建园林，但无法与盛期相比。元代时期，扬州园林逐渐恢复，有采芹亭、江风山月亭、竹西楼、明月楼、平野轩、居竹轩、菊轩等处。不少园林有类似元代文人绘画的萧散质朴之风，如江风山月亭在京杭大运河流入长江的瓜洲上，江山在望、空间辽阔；平野轩得平远山水之妙，元代文人画家倪瓒吟咏该园"雪筠霜木影差差，平野风烟望远时"；居竹轩建于竹林深处，得平淡天真之美。

明代中期以后，随着扬州城市的复兴，扬州园林步入快速发展期。有欧大任的苜蓿园、扬州知府吴秀造梅花岭（后为史可法衣冠祠冢），还有竹西草堂、西圃、小东园、偕乐园、乐庸园等。明末郑氏兄弟四人皆有园林，依次为郑元勋的影园、郑侠如的休园、郑元嗣的嘉树园、郑元化的五亩之园。其中，郑元勋为明崇祯时进士，善画工诗。他邀请造园名家计成设计建造影园，园位于城湖（南湖）岛上，借景城湖自成一区。而计成寓居扬州时所作《园冶》，是重要的园林理论著作。

---

1.《太平广记》第二百九十"妖妄三"。

清代中期以后，扬州园林进入繁盛期。诗人刘大观评价"杭州以湖山胜，苏州以市肆胜，扬州以园亭胜，三者鼎峙，不分轩轾"。扬州园林的兴盛，与扬州盐商密切相关。扬州盐商群体庞大，来源庞杂，主要来自安徽南部的徽州和湖广、江西，亦有全国其他地方的商人。扬州盐商的领袖多为"儒商"，从小就接受良好的教育，成年后不仅追求儒家学说倡导的道德与智慧，也拥有商人的财富与干练。他们乐善好施、热心公益，修缮扬州的道路、桥梁、码头、寺庙、书院等，较大地提升了扬州城市的生活品质；他们彬彬有礼，喜欢与文人结交、雅集；他们又富于文化修养，热衷于收藏古籍、奇珍、字画；他们更懂得享受生活，修造园林、热衷曲艺、精研菜肴。著名的盐商领袖有马曰琯、马曰璐、江春等。其中马曰琯、马曰璐兄弟喜好文献古籍、礼待文人学者，有名为"小玲珑山馆"的藏书楼，在东关街南建有园林街南书屋，与厉鹗、全祖望、陈章、陈撰、金农等过从甚密。稍后的盐商领袖江春也雅好文艺，建有康山草堂、江园、东园等园林，与"扬州画派"中的金农、郑燮、陈撰有密切交往。而后来做到扬州盐商总商的黄应泰修建有个园。盐商在与文人学者的交流中，提升了文化品位，也造就扬州商人园林雅俗共赏、平易近人的特征。

嘉庆八年（1803）后，两淮盐业日趋衰败，又逢太平天国运动，清代前、中期园林毁坏较多。晚清民国时期，扬州虽不复盛期繁华，造园作为扬州文化传统的一部分被继承，依然出现了如何园、逸圃、匏庐、凫庄、蔚圃、冶春园等优秀的园林。

现存扬州园林的种类较为丰富，主要分布于扬州古城内与蜀冈、瘦西湖一线，私家园林、公共园林、馆社园林、寺观园林、祠堂园林皆有。私家园林有个园、何园、徐园、平园、小盘谷、二分明月楼、匏庐、逸圃、珍园、蔚圃、怡庐、凫庄、陇西后圃、汪氏小苑、卢氏盐商宅、吴道台宅第等；公共园林有瘦西湖；馆社园林有冶春园等；寺观园林有大明寺及西园、观音山、莲性寺（法海寺）、小金山、琼花观、萃园（潮音庵）等；祠堂园林有史公祠等；园林遗迹则有青云山馆、卢氏意园、华氏园、朱氏园、刘氏园、棣园等。

## （2）瘦西湖

位于扬州古城西北方向的瘦西湖，是扬州重要的园林集萃之地。现存瘦西湖园林由历史园林、重修园林与新建园林三部分构成，本节以历史园林"徐园""小金山""凫庄""五亭桥""白塔"等为中心，兼有部分重修园林。

瘦西湖始于大虹桥，终于平山堂坞，全长近5000米，宽近百米。水面有三处大转折，从大虹桥至徐园自南往北一段；从小金山至熙春台自东向西一段；从二十四桥至平山堂坞由南到北一段。历史园林区主要集中在徐园经小金山、凫庄、白塔到五亭桥一线。

由瘦西湖南门而入，为"长堤春柳"。这里东面临湖，西面缓丘；临湖堤岸三步一桃、五步一柳。湖面洲渚上有竹林、青松、烟柳、杂木、亭台、石峰，如同江南山水长卷徐徐展开；缓丘处平冈延绵，高木凌空、百草丰茂，恍若山野。

瘦西湖南部过渡空间"长堤春柳"

长堤春柳的尽头是私家园林徐园，占地面积约 6000 平方米，平面近似长方形，其东、北两面临湖。该园由东部的听鹂馆，西南部的冶春旧社，西北部的疏峰馆构成。在徐园修建前，是韩园桃花坞旧址，民国时成为军阀徐宝山的祠堂，后成为纪念扬州第一位造园者、南朝人徐湛之的祠堂。园门所在墙体素洁，下开月洞门，上方为晚清扬州举人吉亮工行书"徐园"二字；门前置一双石狮，对植广玉兰树。

"徐园"园门

　　园门内为听鹂馆区域，以荷池为中心，建筑、园景沿池分布。荷池以黄石驳岸，桃柳间植，缀以麦冬，池水向东通过石桥与瘦西湖相连。池东为连接"四桥烟雨"的"门厅"建筑，借景瘦西湖与对岸堤岛。池南岸种植竹子、青松、南天竹、红枫、垂柳、枫香等花木，在园墙的衬托下显得更为鲜明。池西借景"冶春后社"的外墙，墙上藤萝依依，古趣盎然。

池东"门厅"

池西借景"冶春后社"外墙

池北岸自西向东，依次为"春草池塘吟榭""听鹂馆""羊公片石亭"，亭馆优美，花木娴雅。

听鹂馆作为此区主堂，坐北朝南，面阔五间，单檐歇山顶。堂内饰以楠木罩阁，上悬江南道监察御史徐培深行书"听鹂馆"木匾。堂前为石栏杆合围的平台，台上湖石花坛对植广玉兰树；树前有两只南朝萧梁时的铁镬。听鹂馆东侧的羊公片石亭，为重檐歇山顶方亭，是当地为纪念徐宝山而建；听鹂馆西侧的春草池塘吟榭，坐西朝东，面阔三间，单檐歇山顶，内悬"春草池塘水榭"，外悬书家魏之祯书楹联"笔落青山飘古韵，绿波春浪满前陂（bēi）"，点明此榭可观瘦西湖的湖光与小金山的山色。

池北"春草池塘吟榭""听鹂馆""羊公片石亭"

从春草池塘吟榭南侧的隐秘廊道进入，可达"冶春后社"旧址。冶春后社是清末民初扬州文人群体，慕明末清初人王士禛创"冶春社"旧事而建立的文学社团。冶春后社内是一处幽静院落，院内借用原有丘陵地形，使院落空间延伸向上，层次分明。沿湖石台阶拾级而上有一高台，种植南天竹、圆柏、万年青等植物，是旧时文人雅集之处，在此可俯视听鹂馆与荷池。民国十年（1921），康有为游扬，曾小住于此。社后北部有缓丘，一座四角亭建于丘顶，可凭栏俯瞰"疏峰馆"。

"冶春后社"院落

疏峰馆以曲折"游廊"东接春草池塘吟榭，游廊两侧栽植蜡梅、牡丹等植物。疏峰馆坐北朝南，其南侧的空地上是由卵石铺砌成的"寿"字，周围立数座湖石奇峰，馆内旧时陈列奇石，与馆外数峰呼应。疏峰馆向西为澄鲜水榭，三面临水，原名"澄鲜阁"，徐园自此步入尾声。

游廊两侧栽植蜡梅、牡丹

"疏峰馆"小院立峰

徐园北门经小虹桥北行，可达"小金山"。小金山为瘦西湖上最大的人工岛屿，由开挖莲花埂新河的淤泥及石材堆垒成，其平面近似三角形，岛上有"风亭""月观""琴室""吹台"等园景。

小金山正门（月洞门）粉壁漏窗，上嵌邑人桑瑜篆书"小金山"石刻门额；门前置一对石狮，两侧丛竹夹道；门后对植银杏树，树龄近三百岁，郁郁葱葱。

入门后为面阔三间的"关帝殿"，殿前湖石底座上横卧长形"钟乳石盆景"。石盆景内部凹下，常有积水，盆北边缘类似山脊，孔穴内植有蒲草和对节白蜡，如同水映峰峦。此石于1953年由东圈门的壶园移来，民间传说为北宋"花石纲"遗物。殿前西侧院墙下有"贴壁假山"。

"小金山"月洞门

"钟乳石盆景"

院墙下"贴壁假山"

48

关帝殿前庭的东南角，有湖石遮掩的小门通往东侧的琴室。室内悬楹联"借取西湖一角，堪夸其瘦；移来金山半点，何惜乎小"，点出此处园景妙在瘦西湖与小金山的小巧。

关帝殿西侧游廊曲折西行，可达小金山西麓的"湖上草堂"。湖上草堂坐东朝西，面阔五间，单檐歇山顶，四面通透，初建于清嘉庆（1796—1820）时。堂内悬清代书家伊秉绶隶书"湖上草堂"，堂外柱上悬扬州诗人秦子卿书联"莲出绿波，桂生高岭；桐间露落，柳下风来"。堂前青石为台，白石作栏，台上对植百年紫薇。台外西侧有船埠，正对瘦西湖主景白塔与五亭桥，为画舫停泊处。

湖上草堂西北侧为"绿荫馆"，馆前平台朝南临湖，台缘围以石栏，台上种青松，隔水可眺望"澄鲜水榭"。

"湖上草堂"与"绿荫馆"

绿荫馆东侧为小景"枯木逢春"，取千岁唐代银杏树桩，植以凌霄，春夏花开时老树若复生。枯木逢春东侧的山下为"玉佛洞"，山上为"观音殿"。观音殿又名"小南海"，面阔三间，重檐歇山顶，内供奉五尊汉白玉观音像。殿前有"寒竹风松亭"，此亭地处高台，视野开阔，朱自清评价在此亭观瘦西湖"看水最好，看月也颇得宜"。观音殿后有"黄石峡谷"，过谷中石门可登"小金山"。

"枯木逢春"与"玉佛洞""观音殿"

　　黄石峡谷长度不长，却幽古朴拙。小金山旧时植梅，为清代"瘦西湖二十四景"之一的"梅岭春深"，今多生松竹等常绿植物。山巅"风亭"为小金山的制高点，瘦西湖园林景色尽收眼底。

"观音殿"前"寒竹风松亭"

"黄石峡谷"

小金山与"风亭"

小金山东麓临水处为坐西朝东的厅堂建筑"月观"，向东面水处设有环廊。厅内悬仪征籍书家陈重庆楷书白底黑字"月观"匾，柱悬郑板桥手书"板桥体"楹联云："月来满地水，云起一天山。""月观"之名意同"观月"，于此正对瘦西湖水面观月胜处。

"月观"

　　"小金山"向西为一道长堤，堤上栽桃种柳，尽头处为"吹台"。吹台又名"钓鱼台"，为重檐庑殿顶四方亭。其外部黄墙，东面有木刻镂空落地罩隔，上悬刘海粟书"钓鱼台"，两侧悬启功书楹联"浩歌向兰渚，把钓待秋风"；其余三面临湖并设圆月门，采用框景手法将瘦西湖风景裁剪成团扇形画面，亭内悬书家沙孟海书"吹台"。

"吹台"

"吹台"框景

瘦西湖西部与吹台隔水相望的汀洲上，有私家园林凫庄。凫庄修建于民国十年（1921），为扬州商人陈臣朔别业。"凫庄"之名，出自屈原《楚辞·卜居》："宁昂昂若千里之驹乎，将泛泛若水中之凫乎，与波上下，偷以全吾躯乎？"凫指的是野鸭，园似浮洇，故名。由瘦西湖南岸登陆凫庄，要经过一座五折石桥，桥头园门以竹木制成，以湖石点缀。凫庄所在岛洲的平面近似于椭圆形，四面沿水处分布不同建筑。

"凫庄"全景

东部为水榭"涵碧厅"，坐东朝西，单檐歇山顶，门窗通透，可远望小金山与吹台。南部为"芙蓉沜（pàn）"与游廊"春水廊"。芙蓉沜坐南朝北，面阔三间，单檐歇山顶，端庄厚重，将过半园景遮去，使之有未尽之意，由游廊春水廊连接西部的水阁"绿波馆"，馆坐西朝东，面阔三间，单檐歇山顶，可见五亭桥。

"涵碧厅"

"芙蓉沜""春水廊"与"绿波馆"

"绿波馆"

　　方亭"枕涟亭"在岛西北，可观凫庄西侧的五亭桥。北部为小丘、六角亭与湖石假山，小丘以土垒砌，遍生麦冬，种植梅花、桃树、翠竹、芭蕉等，点缀湖石立峰。丘南荷池，种植荷花。六角亭位于小丘顶部，为单檐六角攒尖瓦亭。丘北为湖石假山，向北临水处有石矶危崖、水木明瑟，可望五亭桥一角。

　　五亭桥，亦名"莲花桥"，仿北京北海五亭桥而建。该桥主体部分平面为"工"字形，南北侧设石阶，桥身由青条石叠砌，下设15孔拱券（xuàn）桥洞。桥上建朱柱黄琉璃瓦的五座凉亭，以廊庑连接五座凉亭，亭内藻井绘有彩画。五亭分别名为"龙泽""涌瑞""浮翠""澄祥""滋香"，中间大亭龙泽亭重檐，等级高于其余四亭。

　　五亭桥南侧是平面为圆形的岛屿，上有寺庙园林"莲性寺"，又名"法海寺"。

"六角亭"与凫庄全景

"五亭桥"

岛的东、南、西三面为柳荫下的河道，可由东南的藕香桥、西南的莲花桥登岛入寺。莲性寺面朝东北，由山门（天王殿）、大雄宝殿等构成，为近年重建。寺西南筑一座面朝东北的半亭，亭内陈设乾隆御碑，上刻四首乾隆帝游莲性寺时作的御制诗。

　　寺西有一座白塔，高约27.5米，体量适中，造型秀美，状如花瓶。塔基上四周围以石栏，栏柱头皆雕石狮。白塔台阶53级，象征《华严经》中"善财童子五十三参"。塔顶相轮13层，象征佛教中的十三天。塔座为四面八角的砖雕束腰须弥座，每面设3龛，龛内供奉十二生肖。

"莲性寺"

"白塔"

白塔、莲性寺、凫庄与五亭桥一道，构成瘦西湖的著名景观。

白塔、莲性寺、凫庄与五亭桥构成的瘦西湖主景

现存瘦西湖园林保留较多晚清民国时期园林的风貌，是扬州园林分布较为集中的区域。瘦西湖园林群落在选址上，位于古城西北清幽宜人处，属郊野地、江湖地结合的园林；园林的归属成分较为复杂，既有私家园林，也有公共园林、寺庙园林等。

瘦西湖水面方折修长，为人工河道，最初是唐代罗城和宋代大城的西护城河"保障河"。因城壕旧址两边高、中间低的地势，形成沿岸上下错落、层次分明的特点，视野上沿水道延展，两侧高岸长林可很好地遮蔽园外景物。水道内部堤埂纵横、岛洲密布，适合园林营造。其园林景观超越了一般园林的范畴，采取"大园套小园"的模式，是以公共园林为主体，兼集私家园林、寺庙园林的园林综合体。风格上，瘦西湖园林不仅吸收了长江以南地区园林的风格样式，同时也吸收了北方皇家园林的风格样式，并将两者有机地融为一体，形成了具有扬州特色的园林风格。

瘦西湖初名炮山河、保障河、保障湖等，其水源来自甘泉山、金匮山，并汇集部分江淮来水。南朝刘宋时期，在蜀冈下已有风亭、月观、吹台、琴室等园林建筑，并种植竹花果药等。虽非今日瘦西湖同名建筑的故址，但相去不远，在名称上亦有所继承。隋唐两宋，瘦西湖是扬州西城壕之所在。元代拆除城墙，明代新造城垣，在这一时期相继出现崔伯亨园、法海寺、梅花岭等园林。

清朝建立后疏浚大运河，扬州作为东西南北交通的要冲而繁荣起来，两淮盐业的兴盛催生了一批盐商，他们成为扬州园林营造的主力。康熙年间，盐商官员为迎接康熙帝的六次南巡，在禅智寺、蜀冈、保障河到扬州古城一带修造了大量园林，瘦西湖园林迎来第一次兴盛期。当时扬州有八大名园，除郑御史园（影园）在城内外，其余像王洗马园、卞园、员园、贺园、冶春园、南园、簇园共七园均在保障河两岸。乾隆元年（1736），钱塘（今浙江杭州）学者、藏书家汪沆游保障河后，作《咏保障河》诗云："垂杨不断接残芜，雁齿虹桥俨画图。也是销金一锅子，故应唤作瘦西湖。"将保障河与杭州西湖比较，自此扬州瘦西湖声名日隆。

而清初吴绮《扬州鼓吹词序》有"城北一水通平山堂，名瘦西湖，本名保障湖"，似在清初已有"瘦西湖"之名。

瘦西湖园林的鼎盛期在乾隆年间，瘦西湖航道因年深岁久而淤塞，盐商出资疏浚，为接驾掀起园林修造的高潮。瘦西湖更是成为"两堤花柳全依水，一路楼台直到山"的园林群落景象，水路两侧楼台掩映、朱柱碧瓦，就像赵伯驹的青绿山水画。湖上名园有九峰园、倚虹园、筱园、西园曲水、小金山、尺五楼等。嘉庆年间的盐业改革使扬州盐业衰落，瘦西湖园林萧条破败，后屡有修缮。至太平天国时瘦西湖沦为战场，湖上园林几乎毁坏殆尽。光绪到民国初年，扬州经济复苏，恢复了五亭桥、法海寺、小金山、长堤春柳等景物，新建徐园、熊园、凫庄等。新中国成立后设立了扬州园林管理所，在维护修缮历史园林的基础上，恢复了清代"北郊二十四景"，并作扩建拓展。

# （3）个园

东关街是扬州典型的历史文化街区，市井与宅邸交相辉映，街区内商铺、作坊、寺观、书院、园林相毗邻。个园是这一街区中保存较完好的历史名园，位于东关街北的盐阜东路10号，占地面积近6000平方米。

个园原为盐商黄应泰的私家园林，是住宅的后园。穿越东、中路建筑间狭长的火巷，经巷门直抵住宅后部尽头，西折后空间豁然开朗，"园门"就出现在眼前。

园门位于素瓦白墙的中央，为月洞门状，园门两侧开六扇方形漏窗。门前东、西侧各有一青砖砌花坛，坛内种植翠竹，并立石笋，象征山间竹林中春笋新发，是为"春山"。因"竹"由两"个"字构成，故园门上"个园"题额呼应园门景致。透过园门与漏窗，隐约可见一组叠石障景与后方正厅，在桂花树影的遮盖下，显得幽静深邃，与园门外淡雅的景致形成了强烈的对比。

个园 "园门"

园门内是由湖石堆叠的小假山与花坛，小假山造型似十二生肖而饶有意趣，坛内种桂树成林，下植成片万年青。经石间曲径可达"宜雨轩"，此轩因南侧花坛中栽植桂树，又名"桂花厅"。

宜雨轩坐北朝南，面阔五间，单檐歇山顶，轩前柱上悬书法家费新我书楹联"朝宜调琴暮宜鼓瑟，旧雨适至今雨初来"。轩内悬书画家刘海粟书"宜雨轩"，门窗多作雕镂，嵌以玻璃，故视野开阔，可观看四面园景。紧靠北窗的桌案上摆放花瓶、盆景、插屏，使轩内空间层次错落、丰富。

宜雨轩往西为玲珑湖石点缀的"小景"，也是园内主要路径的交会处。由此一路向西即步入春景，这里翠竹延绵、修篁连片。石砌径路在此向北转，可见竹林后方装饰有漏窗的白色园墙。

春景径路走到尽头，只见湖石假山横亘作"石门"，山上楼阁初露，山脚"枇杷"树碧绿。枇杷是江南地区春末夏初的时令水果，这是以果树提示春去夏来。

"宜雨轩"与路径交会处的湖石"小景"

　　"夏景"是从湖石假山石门开始的。穿过石门，眼前景致大变，湖
石假山耸立于水池之上，湖石色泽青灰，池水透明中带绿，顿生凉意。
山顶有"鹤亭"，山间种植迎春、广玉兰、柏树等。老柏枝干虬曲，高
出山亭，枝叶细密，与对岸阔叶的广玉兰形成鲜明的对比。

"石门"与"枇杷"

水面上树影婆娑，更觉清凉。山体内部有人造水洞，洞内较宽阔，清凉宜人。池水向洞内延伸，水尾藏于湖石孔窍中，水景有藏有露，又静谧幽远。三折石桥沿水边穿洞而过，通往园内主楼"抱山楼"。其中一桥墩上有一方形似鱼骨的湖石——"鱼骨石"。抱山楼原为主人宴请宾客、洽谈商务的所在，面阔七间，宛若一扇巨屏在园北展开，是一座体量庞大、形态修长的二层楼阁，因其被湖石假山、黄石假山环抱而得名。楼上悬当代书家王冬龄书"壶天自春"白底巨匾，点明在二层可见隔池相对的宜雨轩及东南角的春景。抱山楼南侧有长条形水池，池内栽种荷花，池畔湖石驳岸，楼前翠竹障景，以拉开楼阁园景的层次。水池东侧有名为"清漪"的六角小亭，与池西的夏景假山相对。

"夏景"假山与"鹤亭"

"抱山楼"

二楼俯瞰水池与"宜雨轩"

"清漪"亭

　　抱山楼东二层廊庑尽头为黄石假山"秋山"，表明夏去秋来，"秋景"的大幕正在徐徐拉开。黄石假山是个园假山中占地面积最大、结构最复杂、变化最多，也最具扬州地方文化特色的一处假山。

　　此山的黄石色泽虽以黄灰为主，兼带朱、紫色泽，但背阴处长青苔时又兼有绿色；山间种植碧松、翠柏、红枫、青枫、淡竹等植物，更凸显黄石假山颜色丰富、瑰丽多变。从抱山楼东廊望去，假山上的黄石形体方折，状如"万笏朝天"。

　　从秋山南侧道路步入，先会到达一处黄石山谷，谷内磐石林立，穿行其间如进入石林迷宫。石林间看似简单的路径也分作三道：或徘徊谷底，或遁入洞中，或直登山顶。徘徊谷底仰望，奇峰危崖耸立，仿佛在真山深谷间。其山间有石桥横跨，宛若安徽黄山的"仙人桥"，故此假山在扬州被视为"小黄山"。

　　这类风格假山的出现，与扬州盐商中有不少是徽州人有关，也与扬州人喜爱石涛绘制的黄山题材作品有一定关联。遁入洞中，曲折悠远、

66

险象环生，洞内有石桌、石凳，洞壁开窗正对夏景。而洞内石缝间可仰望山间石桥，是黄石假山中出彩的细节。

　　黄石假山的最高处有隐没于青松红枫间的"拂云亭"，亭中旧时近可俯瞰扬州古城内的古老屋顶，仿佛连绵不绝的山脉；向北可遥望大明寺和观音山，城北及蜀冈美景可尽收眼底。

"秋景"假山与"拂云亭"

山间主体建筑为"住秋阁"，它背靠园墙、坐东朝西，门口为郑燮（郑板桥）题写的楹联"秋从夏雨声中入，春在梅花蕊上寻"，诗意地点明秋与四季的关系。

黄石假山向南抵达漏月透风轩南侧的庭院，"冬景"赫然显现，这是院内由假山、花坛、园墙构成的景致。冬景的主体——宣石假山"冬山"坐南朝北，常年处于园墙阴影的遮蔽下，故带有寒意。宣石因含有石英，故色泽雪白、圆浑多姿，且受光时寒光熠熠，宛若凝雪。

宣石假山就如同冬天里积雪的峰峦，或墙角难融的积雪，远望如同成群的雪白狮子。花坛亦由宣石叠砌，坛内栽种严冬才绽放的蜡梅。庭院地面模仿冬天结冰的水面，铺成"冰裂纹"状，为典型的"旱园水作"手法，寓意冰雪渐融、春意涌动。

"秋景"假山与"住秋阁"

宣石假山背后为青砖园墙，墙上开有四排二十四个风音洞，当冷风过墙时寒意瑟瑟，有呜呜声响，与"漏月透风轩"之名应和。西墙上"圆窗"内，可见个园正门口青砖砌"花坛"上的修竹与石笋。以借景的手法表明冬天的结束即是春天的开始，寓意四季轮回周而复始、亘古不息。

"冬景"假山"冬山"

西墙"圆窗"借景园门"花坛"

一般而言，现存中国传统园林不会刻意固化四季（春夏秋冬）的景致。但个园却以"四季"作为主题特色，在造园思想上一反常态、不落窠臼。再如个园黄石假山有吸收、借鉴石涛绘画艺术的痕迹，虽不能证明石涛直接参与该山的营造，但其构思奇巧而不落俗套的山体令人过目难忘。再像园北的"抱山楼"，过去学者多认为其体量过大有压迫感，但楼前假山、石峰过于零碎，园景需要聚合统一，若是造单层厅堂既显单薄，又与前部"宜雨轩"重复，而双层楼阁不仅在实用性与审美性上有优势，还体现出扬州园林的地方特色。

个园景致与游园路径的设计类似于文章的结构：园门竹林景致开门见山地直接点题，南部"宜雨轩"前庭园为序幕，西部竹林"春景"为起始，中部"抱山楼"及湖石池山"夏景"为承接，东部"拂云亭""住秋阁"及黄石假山"秋景"为高潮，东南部"漏月透风轩"南的宣石假山"冬景"为尾声，"冬景"与"春景"相连，既表明四季与时间的连续性，又有文章首尾呼应的特征。

个园作为扬州古城内现存较大的"城市地"园林，使人能一窥晚清时期城市中市井与园林共生的历史风貌，但现存个园格局与历史原貌有出入。如个园门南侧原有复廊，湖石假山南侧原有名为"鸳鸯"的两座旱舫，园东南"秋景"与"冬景"之间原有复廊，以上园景皆已不存。门南复廊的缺失，使园墙突兀孤立；"鸳鸯"旱舫的缺失，使池东、西面的园景失衡；园东南复廊的缺失，使"秋景"与"冬景"转换间缺乏联系，以上缺失不能不说是种遗憾。

现存个园格局的形成，可追溯到清嘉庆二十三年（1818），当时的两淮都转盐运使黄应泰购得明代"寿芝园"旧址，在旧园基础上大规模改建。黄应泰（1770—1838），又名黄至筠，字韵芬，又字个园。其中的"筠"，本义就是竹子；字也为"个园"，其寓意风雅明快。黄应泰身后，个园于同治、光绪时期两次易主，后屡经毁建，形成今日园貌。

## （4）何园

何园，因园主人姓何而得名，位于扬州古城东南的徐凝门街 66 号，占地面积 1.4 万余平方米，建筑面积 7000 余平方米。何园分为"寄啸山庄"与"片石山房"两大区域，何氏族人通称"大花园""小花园"两座花园之间是住宅部分的"玉绣楼"院落。

寄啸山庄区域为何园主体，由"榉海轩""水心亭""赏月楼"为核心的三座院落组成。其名取自陶渊明《归去来兮辞》中"倚南窗以寄傲"与"登东皋以舒啸"寓意，得名"寄啸山庄"。

由徐凝门大街西折入东园门，即进入园林庭院。该庭院面积不大，却是连接市井与园林的过渡空间。庭院白色龙墙，墙形婉转多变，墙上设方形花窗。墙中间开"月洞门"，上嵌石刻隶书"寄啸山庄"门额。门口湖石夹径，莳杂花木，营造出曲径通幽的园林氛围。

寄啸山庄"月洞门"

门内为桴海轩院落，其平面为东西—南北走向的曲尺形，其西部的南北轴线上分布牡丹厅、"桴海轩"大型建筑。入月洞门，为一座汉白玉拱桥，跨于湖石驳岸的水池上。石拱桥尽头处，有宣石叠砌的花坛。花坛内有湖石孤峰"石屏风"，为邑人公认的扬州园林"四大奇石"之一。石屏风形体高大，其状翩若惊龙，在麦冬、牡丹等植物的衬托下显得玲珑秀美。绕到石侧，其形又变得状若老僧，朝向花坛西侧的"牡丹厅"。牡丹厅坐北朝南，面阔三间，单檐歇山顶，西侧靠墙，其东山面嵌砖雕《凤穿牡丹》，其名称亦源于此。牡丹厅北为桴海轩，也有资料显示此轩名为"静香轩"。

"石屏风"与"牡丹厅"

轩坐北朝南，面阔三间，是单檐歇山顶的船厅，四周回廊。轩内四壁为雕花门窗，镶嵌玻璃，可观四面园景，为江南园林中的四面厅。虽为船厅，却无船形，可见其不落俗套。"桴海轩"之名来自孔子《论语》中的"道不行，乘桴浮于海"，厅外悬"月作主人梅作客，花为四壁船为家"楹联，既明写此厅可赏梅、月、花等风雅之物，又点出园主早年的海外经历。轩四周地面以青瓦、卵石拼成波浪图案，虽无滴水却有水意，为典型的"旱园水作"艺术手法。

"桴海轩"

　　沿桴海轩院落东面与北面的白色园墙上，分布着"贴壁假山"。

桴海轩东面"贴壁假山"

贴壁假山长 60 余米，由汉白玉拱桥边的"接风亭"开始，经转角处的"近月亭"，到"半月台"处游廊终止，作为假山背景的园墙形体高大，其上藤萝攀援、古意盎然。接风亭下有湖石驳岸的曲折水池，面积不大却能映出天光亭影，池畔栽植枇杷、夹竹桃、琼花、樱花等植物。假山洞壑幽深、蹬道迂回、山脊曲折、峰峦延绵。内部还藏有洞室供人纳凉，山间栽植马尾松、罗汉松、圆柏、迎春、藤萝等植物。墙角处的峰顶上有圆亭近月亭，此亭地势较高，亭名受扬州赏月文化的影响。

"接风亭"

贴壁假山

"近月亭"

近月亭往西的假山尽头处，是以石梁为支撑，用湖石叠砌而成的登楼梯道，通往半月台。半月台为二层楼阁，是旧时园主读书处，楼下栽植棕榈、箬竹、蜡梅等岁寒常绿植物，以示主人格调高雅。

"半月台"

桴海轩院落西部为二层的复道，连接半月台与其他院落。复道下矗立多座湖石立峰，建有湖石花坛。石峰上生长木香，花坛中生长黄杨、茶花等植物。桴海轩院落与水心亭院落间仅隔一道火弄，火弄的月洞门上嵌隶书"寄啸山庄"石额。火弄北侧为开门于刁家巷的老园门，原本经南北向的火巷可直达园内各处。

寄啸山庄原入口

火弄往西是水心亭院落，院落平面为"东西—北南"走向的曲尺形，双层建筑多有环绕。其东部、南部为二层复廊，串联起园内三处独立院落。

院落主景水心亭为方形雕花木构凉亭，坐东朝西，体量较大，以汉白玉为台基与护栏。它面向一池碧水与"大假山"，南接曲折青石板桥，北连湖石桥。大假山用黄石与湖石叠砌，山形硕大，高达 14 米。山间有两株百岁以上的白皮松，还有枫树等。大假山与南侧廊道构成水门，水门内为绿树遮蔽下的一湾池水，与主水面开阔疏朗的形态大相径庭。

连接桴海轩与水心亭两院落的复廊

"水心亭"

池西"大假山"

池北"蝴蝶厅"面阔三间,为歇山顶二层楼阁。蝴蝶厅西为"桂花厅",厅前为湖石"假山"。

池北"蝴蝶厅"

西部的"桂花厅"与"湖石假山"

"赏月楼"院落位于何园西南部,北接水心亭院落。该院落为旱园,院中大假山横亘,遮挡南墙外景物。假山以湖石叠砌,山顶为一石台,台上排列数量众多的湖石立峰,构成石林形态,山间植白皮松。主楼赏月楼二层铁栏杆上有篆书"延年益寿",可俯瞰假山,又可遥望天上明月。

"赏月楼"院落

　　"赏月楼"院落往东是作为住宅的"玉绣楼"院落,位于何园中部。玉绣楼院落坐北朝南,整体构造较为独特,其前部"煦春堂"园林与后部天井透窗为中国传统风格,其中部主楼玉绣楼为中西折中风格,两种风格通过墙体遮挡的方式自然过渡,体现出中国传统生活方式与西式近代化生活方式的融合。煦春堂为清代楠木厅,为园主会客用。厅前空地被缓丘半环,丘上高竹成林,两侧空地散置石峰,间植牡丹、茶花、桂花等。

"煦春堂"

　　玉绣楼平面为回字形二层楼阁，绿地上叠砌小型湖石假山，置石桌凳。庭内种植广玉兰两株及绣球树一株，楼名即来自这两种植物的名称。

"玉绣楼"院落

"片石山房"区域位于何园东南部。此区入口天井，面积虽小却别出心裁：天井东墙的墙下有一组假山石池水，虽未入园却得林泉之趣。天井北墙上开花形门，门内另有一方微型天井，墙上有陈从周题写"片石山房"石碑，墙角有芭蕉湖石掩映。

"片石山房"入口

　　入口天井的南墙上有一花瓶门，经门后隙地西折，经一月牙门可达名为"琴棋书画"的水榭。水榭面阔三间，硬山顶，横跨池水之上。其独特之处在于榭内设湖石井口，可汲池水。榭面积虽小却宜琴、棋、书、画，暗合石涛诗句"莫谓池中天地小，卷舒收放卓然庐"的意境。

　　"琴棋书画"水榭往北是主景池山，呈"中池—南厅—西廊—北峰—东山"布局。其中部水池的平面为不规则状，南岸以条石驳岸，其余以湖石驳岸。

池南明代"楠木厅"，为后期修造时移建于此。厅坐南朝北，面阔三间，硬山顶。厅北临池处有平台，沿岸设石栏，可观池北假山主峰。

池南明代"楠木厅"

楠木厅朝西设有歇山顶雕花轩敞"不系舟"，于此凭栏可西对池水。池西有游廊连接马头墙下的歇山顶半亭，亭内西墙上安放镜子，镜中反射假山及青松、花木，被称为"镜中花"。

池北石峰三面绕水，靠近北园墙。西为主峰，湖石峥嵘、层叠耸矗，高达 9.5 米，山间青松掩映、藤蔓依依。峰下微露曲折石径，山中有石屋两间（内部砖砌），故得名"片石山房"。

楠木厅西侧的"不系舟"

池西游廊与歇山顶半亭"镜中花"

　　石峰向东有磴步跨越溪流，至池东的假山。磴步附近水面上有"水中月"，为湖石孔穴透光所形成，并随游人的移动，在视觉上形成从满月到新月的自然变化。西岸"镜中花"与此处"水中月"，共同构成"镜花水月"这种美好虚幻的景象。

池北石峰与"水中月"

　　池东假山脉络蜿蜒，湖石拱立，杂生藤萝、垂以迎春、苔藓斑驳；山下构洞，内设径路，洞内幽杳。今东山上有建筑遗迹，还遗存 300 余岁罗汉松，表明园林历史久远。

池东假山

此外，楠木厅后部巷道的"弯月门"，为陈从周作品。

弯月门

　　何园是中国传统园林近代化的产物，园内既融合了南北园林风格，又有吸收西方文化的痕迹。园主人自幼业儒，博通中西，先为官绅，后为商贾，使何园在造园艺术上有杂糅的特性。园主富于文化修养，将自己的人生阅历与艺术才情带入园中，使园林带有明显的个性特色。同时园主尊重历史名园的文化价值，保留了"片石山房"区域，使之成为园内独特的存在。各院落的空间结构大气明快又有转折变化，积五处院落使整座园林显得空间宏大、层次丰富。园内廊道串联起各处院落，二层的复道可俯瞰园景，使视觉范围扩大。扬州以赏月闻名，不少景物的命名与月亮有关，而园景"镜花水月"更是将赏月主题发挥到极致。

扬州山地较少，也不盛产湖石，其湖石多由太湖流域等处输入，体量往往较小，完整的石峰也较少。湖石品质虽无法与苏州相比，但扬州造园者擅用零碎石料，拼合出形态各异的假山。同一组山体的不同山峰，用湖石、黄石叠山，容易犯石形混搭、材质杂糅的叠山大忌，但水心亭院落的大假山却做到过渡和谐、衔接自然，而片石山房更是湖石假山的范例。

园林学家陈从周依据清人钱泳《履园丛话》的记载，认为片石山房湖石假山为大画家石涛叠砌，且原文中有"相传为石涛和尚手笔"，可见钱泳也不能肯定此山为石涛作品。清华大学园林学者曹汛依据史料认为，此山为清乾隆时叠山名家牧山僧所叠。虽然该园林与石涛并无直接关系，但扬州画派、扬州园林深受石涛绘画的影响是不争的事实。片石山房假山因其形态神似石涛作品中的山水，很容易被误认为是石涛叠造的假山。

此外，何园所处的花园巷，在晚清时多大宅园林，如李鸿章公馆、李瀚章公馆、毕园、平园、黄园、湖南会馆（棣园）、安徽会馆、江西会馆（庚园）等均在此附近。而园林民间通称为"花园"，此巷因园林众多而得名"花园巷"。约在乾隆初年，已有"片石山房"，后由私家园林成为面馆、戏院。同治元年（1862），何芷舠建"寄啸山庄"，并于光绪九年（1883）购得片石山房部分，使之纳入何园。后来何园几经易主。1987—1989年，吴肇钊在主持复修片石山房时，发现假山临水处一孔穴可将后墙门内的光线映入池面，犹如"水中月"。后受此启发，在半亭内西墙上安放落地镜以示"镜中花"，并形成"镜花水月"之景。

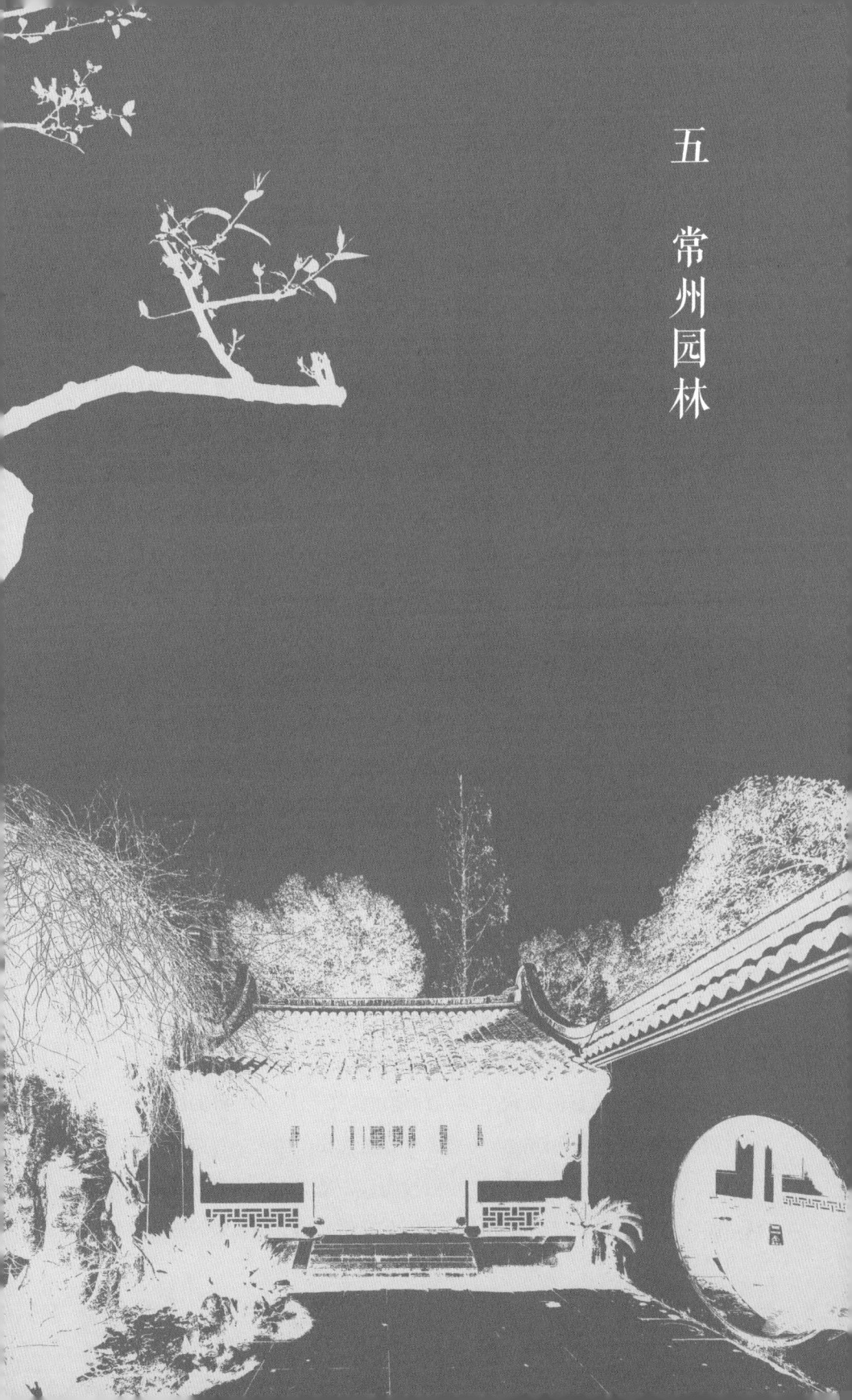

五

常州园林

# 概说

常州古称延陵、毗陵、兰陵等。地处江苏省南部，北依长江，南接天目山脉，境内多平原、水网密布，为商业繁盛的苏南地理中心，京杭大运河绕古城而过，有"八邑名都、中吴要辅"之称。

而常州园林的历史，可上溯到汉代。汉代人蒋澄被封侯，于常州城西建有"山亭"，为常州私家园林之祖。隋炀帝开凿大运河的同时，在常州仿洛阳西苑建有皇家离宫毗陵宫，而壮丽奢华则过之。毗陵宫有凉殿四座、后宫十六座，惜毁于隋末战争。宋代的常州物阜民安、人文荟萃，就连大文豪苏轼也留恋此地，曾十一次造访，并终老常州。苏轼在常州的行迹、居所，后被改建成纪念性园林的，有舣舟亭和藤花旧馆。南宋时期，紫阳真人张伯端曾寓居红梅阁，后成为一处寺观园林。明清时代，繁荣的都市经济和深厚的人文积淀，滋养着常州的园林文化。

常州城内外虽无毓秀山岭，但地处河塘密布、梅香竹翠的苏南平原，所以造园的自然地理环境优越。城东的白云溪畔碧波映柳、闹中取静，为城中一处不可多得的宝地。常州文人洪亮吉曾说："云溪之秀甲于郡中，环溪亦皆名族所居。"仅溪畔周围就有赵氏魁星阁、湛贻堂、瓯香馆、西圃、白云草堂、云溪草堂等园林。此外，城内外尚有青山庄、兼葭庄、桃园、寄园、止园、暂园、半园、归乐园、客园、南有园、东皋园等大小园林，按邑人李兆洛《复园记》的说法，当时园林有四五十处。然家国盛衰有时，至清末民初，常州园林饱经战火摧残，十不存二，呈现出一副衰败之相。

在造园活动兴盛的清代中期，此地出现了一位叫戈裕良的造园名家，他的造园轨迹遍布江南，著名者有苏州虎丘一榭园、苏州城内环秀山庄、常熟燕园、常州西圃、江宁五松园、如皋文园、仪征朴园。而常熟燕园黄石假山和苏州环秀山庄，是仅存的两处由戈裕良设计营造的假山。洪亮吉曾赠诗赞誉戈裕良"张南垣与戈东郭，移尽天空片片云"，将戈氏与明末清初的叠山名家张南垣相类比。戈氏的一大贡献，是发明了"大小石钩带联络如造环桥法，可以千年不坏，要如真山洞壑一般"的叠石法。其原理是巧用石拱桥的修造法，通过地心引力，使石块间相互严密咬合，形成稳定的拱券结构。

现存常州园林主要分布在常州古城内外，有公共园林、祠堂园林、寺观园林与私家园林等几类。如舣舟亭为公共园林，藤花旧馆为祠堂园林，后林园（红梅阁）为寺观园林，约园、未园、意园、近园、暂园等为私家园林。惜舣舟亭、后林园、藤花旧馆等，当代人的改造痕迹过多，虽留有部分古迹，但已失原貌。再如约园在原市第二人民医院内，被拆去屋宇围墙，园景残缺不全。而意园地处深巷老宅，常年闭门谢客。唯近园、未园保存尚好，近年来得到维修加固。现存的几座常州园林分别代表了江南园林艺术在江南园林史晚期的演化轨迹：明末清初风格的近园，以山林野趣为特色；清代中期风格的约园，以奇石叠峰为特色；清代后期风格的意园，曾以幽邃临溪为特色；清末民初风格的未园，以小巧玲珑为特色。

此外，常州园林的名称颇为特别，多取不圆满之意。如取"近乎似园"之意，得名近园；取"约乎成园"之意，得名约园；取"以意为之"之意，得名意园；取"尚未成园"之意，得名未园；取"不是正园"之意，得名止园；取"寄名于园"之意，得名寄园。

常州文化在一定程度上受到春秋时期季札的影响。季札才华横溢，却品行谦恭，不恋权势。他不愿继承吴王之位，而是归隐于封地延陵（今常州）。此后，谦恭含蓄的文化观念影响到常州园林的命名，进而衍生成一种地域性的园林文化。陈从周先生因而赞誉常州园林的取名："知园名之所自，谦抑称之。"

## （5）未园

　　常州园林文化饱受谦恭含蓄的当地传统观念的影响，如未园就偏居老城北部天皇堂弄一隅，深藏于常州市青少年活动中心院内。可谓"养在深闺人未识"，是一座保存较完好的近代园林。未园面积较小，占地仅2164平方米，平面是一个南北狭长的长方形，其东部为园林，西部为厅堂。东部园林的游廊多沿园墙分布，主要建筑物"乐鱼榭"（亦名荷厅）、"四宜厅"（亦名四面厅）、"滴翠轩"（亦名蓝染厅）沿中轴线南北排列，水池、石峰位于园林南区，置石、花木、草坪位于园林北区，三座亭子分布于东西长廊处，整体上园林景致的分布呈北疏而虚、南密而实。

　　从园外仰望，虽未见园景，但可见高出园墙的香樟、棕榈和广玉兰的树梢，令访客可想见园内的勃勃生机。东门是"入口"处，是一座白墙黛瓦的门楼。门内正对由湖石、青苔、野草、棕榈等构成的小景，背景为一堵白墙。白墙之后为全园的主要建筑四宜厅，此处白墙既衬托出湖石小景的雅洁，又将主园景隔开，增加空间的曲折感。

"入口"

　　入园门后是由游廊合围成的过渡空间，左转沿廊往南登"垂虹亭"，可以俯瞰乐鱼榭与四宜厅之间的南区园景，是未园精华所在。

"垂虹亭"

　　乐鱼榭坐南朝北，三面环水，正对由奇石环叠的水池。水池呈东西向狭长分布，于池东架一石桥"垂虹桥"。

"乐鱼榭"

水池以小块湖石、黄石两类石材叠砌，却不显得杂乱。水景集岛屿、水湾、暗河、峡谷、溪涧于一体，池面不大却曲折幽深。而黄石叠砌的水榭立柱古朴结实，柱后暗河水面似有无尽之意。

　　池西有石雕龙头，园内水井的水可经暗渠由龙嘴入池。池北立形似"福、禄、寿"的三座石峰，环池种植有石榴、瓜子黄杨、鸡爪槭、青枫、南天竹等。乐鱼榭后狭长天井内有"贴壁假山"，形似"童子拜观音"。

"垂虹桥"与水池

乐鱼榭后天井"贴壁假山"

　　乐鱼榭西有月洞门，题额为"文俭清奇"，内有院落，一侧墙角点缀窠石山茶，另一侧墙角点缀坡石丛竹和一叶兰。四宜厅之名，取自古人"春宜花，夏宜风，秋宜月，冬宜雪"之风雅意蕴。四宜厅南侧种植罗汉松、香樟、银杏、桂花等，花坛栽培牡丹、芍药等花卉，地面上以青砖、碗片、卵石等，铺成五福捧寿、青狮、白象等图案以示吉祥。

"四宜厅"

　　四宜厅、滴翠轩至北园墙之间为北区园景，相比南区园景的密实，更显得疏朗。滴翠轩面阔三间，单檐歇山顶，四面玻璃门窗，周围遍植桂花。两建筑周围种植蜡梅、桂花、海棠、广玉兰、南天竹等花木。

"滴翠轩"

东侧游廊有方亭"挹爽亭",可观滴翠轩周围景致。西侧游廊有圆亭"汲玉亭",亭中有一方水井。

"挹爽亭"　　　　　　　　"汲玉亭"

四宜厅往西以"月洞门"相连西部厅堂,现存厅堂为近年修缮。此处最初由光裕堂、大仙堂和财神堂三座建筑组成,展现园主人的家族传承、精神信仰与商人身份。

与厅堂相连的"月洞门"

厅堂内院落

未园集小、巧、曲、秀于一体，具有独特的园林艺术风格。

首先是"小中见大"的手法。未园属于典型的晚期江南园林，建筑密度虽大却不显累赘，这主要得益于花木、树石、池榭的穿插交错带给园林的层次感与空间感，以及建筑纤长立柱形成的轻灵感。

其次是"巧于布置"的思路。游廊上分布多处突向庭院的亭子，在直角边的处理上，多以叠石花木遮挡，以削弱视觉的尖锐感。而像天井、院角、墙隅等狭小空间，多种植芭蕉、翠竹，或立石笋，使平直无奇的边缘角落充满生机。

再次是"曲折有致"的空间。东门入口处有一处由白墙、湖石小景、游廊等构成的过渡空间，外人从门外无法窥探园景，入门后透过游廊可以看到部分园景。园中三座主体建筑遵循中轴对称、以中为尊的原则，游廊在此环绕四宜厅而过，使建筑布局曲折有致。游园者若不仔细观察，是较难发现三座主体建筑位于同一条中轴线上的。

最后是"清新秀雅"的细节营造。未园的湖石、黄石材质不属上乘，但池湾、岛岬、山涧的营造，视觉效果类似放大的盆景。再如乐鱼榭前的两只小石狮与池西的龙首水口，若不细品则会遗漏。

与常州其他私家园林不同，未园是一座商人园。但与一般商人园相比，未园的格调较为高雅，更像是一座文人园。若不是园内部分厅堂命名，人们很难把这座园林与商人联系起来。"豆、木、钱、典"是清代常州重要的经济支柱，而木业曾居常州四业之首。未园是木材商人钱永铨（字遴甫）的私家园林，其家族经营木业并开设"钱祥丰木行"。

钱遴甫最初是在天皇堂弄宅基地上，营建中间的祖堂光裕堂以供奉先祖；营建南侧的大仙堂以供奉狐仙；营建北侧的财神堂以供奉财神，并在财神堂前叠一元宝形假山，表达了商人最朴素的初衷。钱遴甫一开始并无修园想法，在门客许秉煜的多次进言下，从1920年至1923年历时3年，耗资白银10万两，采购产自苏州远郊的湖石与黄石，由许秉煜设计、营建了这座园林。园子南部原与两层住宅楼相连，惜楼毁于抗日战争期间。关于未园的得名，在常州民间向来有"未"字是"一木成家"之意，暗示园主人的木商身份。其实是钱遴甫取"谦为未成园"之意而得名未园，这是园主遵循常州当地的园林命名方法，也是对延陵季札含蓄谦逊的文化传统的继承。

六　无锡园林

# 概说

无锡古名新吴、梁溪、金匮等，因境内锡山而得名。位于江苏省南部，境内主体为长江三角洲平原，西南为天目山脉，北濒长江，南临太湖，京杭大运河、锡澄运河穿境而过。境内田园、水泽相间，低山、微丘散布。

在历史上无锡曾经是常州的属县，经济上较为富庶，文化上也独树一帜，历史名人众多。无锡园林的历史可上溯到南北朝刘宋时期，司徒右长史湛挺在惠山修造"历山草堂"。湛挺受当时崇佛风气的影响而舍宅为寺，"历山草堂"更名"华山精舍"，为惠山寺的前身，这是无锡时代较早、园林遗迹较丰富的寺庙园林。现惠山寺内尚存南北朝萧梁时期大同年间龙眼泉，唐代听松石床，北宋靖康年间金莲桥，山门两侧唐、宋时期石经幢，明洪武年间栽植银杏，明代香花桥，清代乾隆御碑等。

唐代时"茶圣"陆羽品鉴天下名泉，定惠山泉为第二，故惠山泉又名"天下第二泉"，也称"陆子泉"。惠山泉毗邻惠山寺且环境清幽，文雅之士在惠山建别业、祠堂与亭台，以方便游赏品茗，久而久之就形成了惠山园林群落。像宰相李绅少年时读书于惠山寺，隐退后在惠山上建望湖阁，以可眺望无锡名胜芙蓉湖而得名。

宋代，无锡文教之风日炽，文士大儒纷至沓来，或建书院讲学，或归隐于林泉。政和元年（1111），北宋理学家程颢、程颐的高徒学者杨时在熙春门内创办龟山书院，为东林书院前身，后演变为书院园林。宣和三年（1121），北宋抗金名臣李纲在梁溪畔筑"梁溪居"，归隐梁溪。"维扬四俊"之一的许德之，南渡后在鹤溪筑许舍。南宋诗人尤袤致仕后建园圃乐溪，内有"万卷楼""来朱亭""二友斋"等建筑。元代时，画家、"元四家"之一的倪瓒在太湖之滨的祇陀里修有园林云林草堂（清闷阁），植有高桐，后并入祇陀寺。倪瓒兄长倪昭奎为道教上层人士，在惠山黄公涧旁造清微精舍。华瑛在惠山造华君别墅，园内有"溪山胜概楼""水月轩"等建筑。退休官员孟潼在惠山、锡山间建别业惠麓小隐，元代画家王蒙以此为题材画有《惠麓小隐图》。

到明代时，无锡经济发达、文化昌盛，文人名宦辈出，书院讲习兴盛。无锡城内外的园林营造受当时江南造园风气的影响而蓬勃发展，这一时期成为无锡造园史上的一次高峰。在无锡城内，有湖广按察使俞宪的读书园与独行园，现无锡公花园内"绣衣峰"，系独行园旧物。

明代中晚期以后，西郊的惠山、锡山成为无锡园林的营造中心。万历年间官至湖广提学副使的邹迪光在惠山寺旁筑愚公谷，其规模宏大，以水为脉，有六十景。此园后来虽毁，遗迹犹存。邹迪光能文善画，格调高雅，有园记《愚公谷乘》传世，成为后人了解愚公谷园林盛况的历史文献。北宋词人秦观的后人秦金，在惠山寺旁筑凤谷行窝作为秦氏祠堂，是无锡名园寄畅园的前身，园内有"桃花洞""蔷薇幕""旷怡馆"等，园景与今日有巨大差别。另一位秦观的后人秦旭在惠山建碧山吟社，参与者"十老"中有华察、顾可久、王问等乡绅名流，附近有长松翠竹、流泉秀岭，是无锡馆社园林中较著名的。而惠山寺旁由邵宝所建书院园林"二泉书院"，有海天亭、超然堂、点易台等十五景。锡山有顾可学之弟顾可久的祠堂及园林，成化年间进士吴学的"菊花庄"等。

惠、锡两山之外，别业园林遍布无锡乡间。名宦华察在东南郊鹅湖畔的荡口建有四十亩的嘉遁园，内有二十景；后又于东郊的东亭建有东园、西园。东乡胶山地区有出版家、藏书家、富豪安国的西林园与嘉荫园，此园曾与寄畅园齐名。南郊五里湖（今蠡湖）边有"东林八君子"之一、东林书院的重建者高攀龙的别业高子水居，为园主归隐读书之所。

到清代时，无锡是转运丝、布、米、钱的"四大码头"，大量的财富集聚，为无锡园林在近代的兴盛奠定了物质基础。在王翚、徐扬等人绘制的《康熙南巡图》中，可以一窥清代前期无锡园林的盛况，图中出现了锡山、惠山、秦园、芙蓉湖与黄婆墩等。其中的秦园正是著名的寄畅园，在清初时由秦德藻邀请造园名家张涟（字南垣）之侄张轼加以改造，遂成今日园貌。明末清初隐士杨紫渊在西南郊太湖北犊山建管社山庄，内以园景"虞美人崖"著称。

近代无锡园林的营造十分兴盛，是传统江南园林向近现代转型的"活化石"，其观念影响到当代园林的建造。如"锡金公园"以无锡、金匮两县名字各取一字而得名，一般市民称其"公花园"，民国后改名"无锡公园"。此园林由无锡乡绅集资修建，这是西方近代园林意识进入中国后的有益尝试，"公花园"保留传统上对园林的世俗称呼"花园"，但"公"字表明其公共身份，这成为后来国内城市公园的始祖之一。1930年，无锡县县长孙祖基将原来祭祀李鹤章的"李公祠"改成"惠山公园"，成为无锡的第二处近代公园。

同时，无锡官僚乡绅受洋务派思想影响开始兴办民族工商业，并演变成民族资本家。而像杨氏杨宗濂、杨宗瀚家族较能代表近代无锡民族资本家的造园情况。杨宗濂、杨宗瀚兄弟幼承家学，后成为李鸿章幕僚，受洋务派影响于光绪二十一年（1895）回乡办业勤纱厂。无锡的民族资本家一般接受过传统教育，又多少接触过西方文化，同时拥有巨额财富，这为他们建造园林奠定了精神与物质基础，具备鲜明的近代特征。

杨氏家族的园林，有潜庐、云莛园、杨园、横云山庄、于胥乐花园等。光绪八年（1882），杨宗濂归隐无锡，在惠山下扩建潜庐，作为祭祀父亲杨延俊的祠堂。这是延续无锡士绅在惠山修造祠堂园林的传统。光绪三十四年（1908），杨宗濂、杨宗瀚之侄杨味云在城内长大弄五号建造中西合璧的云莛园，内有"裘学楼""晚翠阁""杏雨楼"等。北犊山下，有杨氏先祖杨紫渊隐居的管社山庄。1916年，杨宗濂之子杨翰西在管社山庄旧址上重修"杨园"。1918年，杨翰西在南犊山鼋头渚购地60亩，取名"横云山庄"，为太湖名园。1922年，杨翰西取《诗经·鲁颂·有驳》"于胥乐兮"之意，在丁村建经营游乐性质的"于胥乐花园"，入夜后有灯火照明，市民称其为"夜花园"。

荣氏家族的园林，有梅园、锦园、小蓬莱山馆等。1912年，荣宗敬、荣德生兄弟于荣巷之西横山南麓，以清末进士徐殿一的小桃园旧址为依托，种梅数千株，更名为"梅园"。以此为标志，无锡造园中心由城内与惠山转移到太湖、蠡湖滨湖区域。1929年，荣宗敬为庆六十大寿，在杨翰西"杨园"附近的北犊山下修建"锦园"，后为自来水厂。同年，荣德生堂叔荣鄂生将中犊山清末旧园改扩建为"小蓬莱山馆"，为今太湖工人疗养院前身。1934年，荣德生为庆六十大寿，建宝界桥连接太湖犊山与蠡湖沿岸，方便人们抵达湖畔的园林。薛氏家族的园林为钦使第花园（薛家花园）。1894年，薛福成亲自勾画草图，其子薛南溟督建。薛福成参与过其他园林的建造，如宁波中山公园的前身是宁波衙署后花园，其园林正是薛福成设计的。

无锡现存明清及近代园林较多，可分为私家园林、公共园林、书院园林、寺观园林、馆社园林、祠堂园林、陵墓园林等，如私家园林有寄畅园、潜庐、钦使第花园、云芷园、梅园、蠡园、渔庄、横云山庄等；公共园林有锡金公园、天下第二泉庭院、芙蓉湖等；书院园林有二泉书院、东林书院等；寺观园林有惠山寺、广福寺等；馆社园林有碧山吟社等；祠堂园林有寄畅园、顾可久祠、华孝子祠等；陵墓园林有泰伯庙墓等。其中，以私家园林、祠堂园林等较有造园特色，其特色在于因势利导、方式各异，在无锡当地人中有"真山真水鼋头渚，真山假水梅园，假山真水蠡园，假山假水寄畅园"之说。

# （6）惠山泉庭院

惠山泉有"天下第二泉"美誉，鲜为人知的是，泉水发源处所在的庭院是一处公共园林，今人称惠山泉庭院。庭院位于惠山东麓，惠山寺西侧，华孝子祠北侧。该园林背山带水却四通八达，与周围的惠山寺、尤文简公祠、华孝子祠、碧山吟社等园林连通。

由华孝子祠南侧收窄的观泉街西行，可眺望到一堵高大粉墙耸立，为惠山泉庭院的园墙。墙前有青石围栏的花坛，内植枫树、桂花、矮柏，伫立湖石立峰"拥螺峰"，墙上藤萝密布，显得古意盎然。

"园门"与"拥螺峰"

园门位于两处青石围栏的花坛间，门上装饰着"暗八仙"砖雕图案，正中雕金字篆书"二泉"。门内湖石假山半掩，露出"漪澜堂"一角。远处有台阶可拾级而上，山景层层递进。庭院内部的主要建筑与园景，主要沿东西向的中轴线分布，自东往西依次有漪澜堂、二泉亭、"陆子祠"等建筑。庭院北部与惠山寺共用园墙，并以偏门连通；庭院南部为登山台阶，以偏门连通"尤文简公祠"与其垂虹廊、"万卷楼"，台阶可直通碧山吟社。

门内远望"尤文简公祠""万卷楼"与山径

    园门位于漪澜堂的东南方向，入门后可见漪澜堂与堂前的惠山泉"下池"。漪澜堂坐西朝东，面阔三间，单檐歇山顶，四面设廊。门窗雕花，室内明净通透。门悬名书家费新我的黄底黑字行书堂名匾；柱悬当地书家曾可述的白底黑字篆书楹联："雪芽为我求阳羡，乳水君应饷惠泉"，出自《次韵完夫再赠之什某已卜居毗陵与完夫有庐里之约云》，此联略作改动。堂始建于宋代，因宋代大文豪苏轼吟有"还将尘土

105

足，一步漪澜堂"之句而得名，现存主堂为清代重建。"下池"位于堂前东侧，为一长方形石砌水池，周砌青石围栏。池西岸设石刻"螭首水口"，人称"石龙头"，形态苍古，滋生青苔，惠山泉经螭口落入方池。

"漪澜堂"

"下池"与"螭首水口"

池周围北、东、南三面，为湖石、桂树、香樟、天竺等组成的园景，池前东园墙下有湖石立峰，似鳌鱼立观音与善财童子、龙女状，石下雕镌落款"蕙岩"。此石是明代礼部尚书顾可学园林旧物，于乾隆时移入。

下池前东园墙下立峰"蕙岩"与惠山泉"下池"

漪澜堂北的园墙上，镶嵌清代书法家王澍于雍正五年（1727）楷书"天下第二泉"题刻；墙下设湖石小景，墙面畔藤援蔓、翠叶飘举。

堂后为"二泉亭"，为惠山泉源头所在。二泉亭坐西朝东，黑柱青瓦、单檐歇山顶，其北墙上嵌元代赵孟頫楷书刻石"天下第二泉"、明代布政使右参政永嘉楷书刻石《修泉亭记》、清代宋之晋楷书刻石《天下第二泉说》、王澍楷书刻石《重修惠山亭泉记》。

惠山泉源自六角形的上池，其水质最好。《惠山记》说惠山泉："活水细流，澄澈可爱。"中池为方形，紧靠上池，设雕花石栏。上、中两池都是石底，青石围栏。"二泉亭"周围，有湖石立峰、桂树、天竺等，亭侧的北面有台阶通往亭后高台与惠山寺后部"竹炉山房"的侧门。侧门坐北朝南，面阔三间，观音兜硬山顶，门内左右立乾隆帝游惠山的石刻诗碑。

"天下第二泉"题刻

"二泉亭"与惠山泉

亭后高台上为"陆子祠",此台的构筑因势利导,使用山体地形筑台,台上可凭栏俯瞰惠山南麓园林盛况与锡山主峰、"龙光塔"。"陆子祠"坐西朝东,面阔三间,单檐歇山顶。祠始建于唐代,是为纪念"茶圣"陆羽而建,后改作"尊贤祠",民国时名"景徽堂",现仍恢复原名。祠门上悬褐底金字书家董其昌行书"陆子祠"牌匾,祠内悬白底黑字楷书"景徽堂"牌匾。门柱悬白底金字楷书"试第二泉且对明亭暗窦,携小团月分尝山茗溪茶"楹联,化用苏轼"独携天上小团月,来试人间第二泉"而成。

"陆子祠"

"陆子祠"前高台远眺惠山泉庭院与锡山"龙光塔"

祠西、南两面，为惠山山体与白色园墙，山体以黄石护坡，护坡上植麦冬等植物。"南园墙"上装饰灰塑龙首、祥云，墙开扁月洞门，门上嵌砖雕篆书"闲淙"，门后山径可至惠山头茅峰的老君庙。"陆子祠"西南方向有黄石假山一座，古拙敦厚，上生藤蔓，旁植梅竹，山中洞口通往"碧山吟社"，惠山泉庭院园林自此结束。

装饰龙首的"南园墙"与借景"碧山吟社"

黄石叠砌的北园门

惠山泉庭院面积不大,在选址上却得天独厚,为典型"山林地"园林。先天的地势起伏与自然山林的环绕,使园林意趣盎然。该园的主体建筑遵循中轴对称的原则,又通过路径的曲折变化、地势抬升打破了对称原则带来的呆板感,如正园门设于东南方而非中轴线上,再如"漪澜堂"边登山径路曲折而上,使该园有曲径通幽之意。惠山泉庭院在造园时,考虑与周边惠山寺、尤文简公祠、华孝子祠、碧山吟社等园林的连接,使该园林拥有部分开放性的特征。同时利用地势的起伏与透景、借景的艺术手法,使周围自然山水、人造园林的景物为其所用。如借景东邻惠山寺后部"竹炉山房"院内高大的银杏树,再如"陆子祠"借景锡山与龙光塔。再如西邻尤文简公祠,由"下池"南望,可见尤文简公祠的月洞门,门上嵌篆书砖雕"伴泉"二字,门筑于湖石、黄石驳杂的假山上,可窥见门内石阶上的湖石立峰与青枫。此外,尤文简公祠的"万卷楼"有门开于惠山泉庭院中。若不熟悉当地历史,容易将尤文简公祠当作惠山泉庭院的一部分。

惠山为无锡名山,沿东西走向横亘。当地人说惠山有九峰,另一说是因为惠山有九陇,故有"九龙山"之称。其东端与孤立的锡山相望,无锡人认为是"九龙戏珠"状。其山间"十三泉"以惠山泉最为著名——惠山山体主要由石英砂岩构成,岩间裂隙溢流出水分,形成甘甜的山泉。该泉水量充沛,"下溉田十余顷"。此后惠山泉由自然山泉演化为庭院园林,经历了漫长的过程。

两宋时文人苏舜钦、苏轼、秦观、蔡襄、杨万里等游赏惠山泉并留下诗文,最有名的是苏轼"独携天上小团月,来试人间第二泉"。宋高宗南渡时游此泉,扩大掘深泉水规模,并"瓮以陶甓,缭以朱栏"。到元代时惠山泉园林与今日格局有所接近,范围要更大。园林从西端山坡的"若冰洞"开始,有"五贤祠"(南宋陆子祠旧址,祀陆羽、湛挺、华宝、李绅、尤袤,故名)。祠边水池旁有"涵碧""漱香""湿云"三亭。其余上池、中池、下池与南宋时格局类似,今日"漪澜堂"

位置为"真赏亭"。明清时期，惠山泉园林多有增建。如明弘治十四年（1501）石匠杨离雕刻惠山泉水的螭首，书家赵孟頫、王澍的泉名刻石等，清代康熙、乾隆两位帝王南巡时曾游赏该泉并留诗篇。

惠山泉庭院的意义并不局限于园林或名泉，亦是江南茶文化的历史重地，也有不少文艺创作围绕着惠山泉展开。唐代文人张又新的《煎茶水记》、刑部侍郎刘伯刍、"茶圣"陆羽认为惠山泉是"第二泉"。两宋时文人游惠山多以该泉泡茶，宋徽宗的《大观茶论》亦论及惠山泉。明清时期的惠山泉虽属于惠山寺，但其泉水可任由民众取用。明中期文人官员、书画收藏家、《味水轩日记》的作者李日华曾组织嘉兴好朋友每月运一次惠山泉水到家，"明四家"之一的文徵明组织王宠、王守、汤珍、蔡羽等人召开雅集"惠山茶会"，而明末文人张岱拜访南京桃叶渡的茶翁闵汶水即饮用此泉。

# （7）寄畅园

寄畅园是无锡最著名的古典私家园林，因园主人姓秦故得名"秦园"。而寄畅园的影响力超出无锡，以至在北京的皇家园林中，有颐和园"谐趣园"、圆明园"廓然大公"（后改名"双鹤斋"），均仿照寄畅园的园林结构而建，可见寄畅园在园林艺术上的成功。

寄畅园位于无锡西郊2500米处的惠山横街（旧称秦园街）西侧，惠山、锡山之间的坡地上，是惠山园林群落的重要组成部分。

现存寄畅园有三处园门，东门为旧时正园门，另有西门连接二泉书院，现改作由"南门"入园。南门位于惠山寺前长街的北侧，面阔三间，石鼓对列，两侧素墙漏窗，硬山顶。瓦上攀援藤蔓，门悬褐底金字木制园名匾。

入门后是以原"秦氏祠堂"为中心的庭院，院内轴线上条石铺地，两旁对植桂花，遮天蔽日；藤萝布墙，古朴幽静；墙脚遍植天竺，朱果碧叶；石峰灵巧，皴理斑驳；墙上嵌石刻康熙御书"山色溪光"，乾隆御书"玉戛金枞"。静谧幽雅的氛围，铺垫出园林的特色。

位于惠山寺前的寄畅园"南门"

"秦氏祠堂"院落

秦氏祠堂内悬画家朱屺瞻书"凤谷行窝"匾，为寄畅园古称；堂前有联云："杂树垂荫，云淡烟轻；风泽清畅，气爽节和。"沿祠前游廊向西经镶嵌"碍月"砖雕匾额的小门，进入以"秉礼堂"为中心的小庭院。秉礼堂之名取自"秉烛达旦，遵守礼节"，曾为无锡县贞节祠。庭院三面为游廊，设有木制护栏；中间的水池为湖石驳岸，池畔立石峰、植桂树，显得古意盎然。出秉礼堂庭院月洞门北行入主园区，首先见到的是山林间空地上的"含贞斋"与"九狮台"。

"秉礼堂"

含贞斋是一座面阔三间、歇山顶的建筑，是园主人读书的所在。堂内楹联"池含林采明于缋，山露苔华媚若钿"，门口楹联"新添十竹皆紫玉，恰对九峰如画屏"。斋前有方形空地与九狮台遥相呼应，九狮台亦名"九狮图石"，是一座假山，因叠石若九只石狮而得名，在绿树衬托下宛若画屏，与含贞斋门口楹联相呼应。台后被次生林包围，恍若山野，将主园景隐藏于林后。

"含贞斋"

"九狮台"

从含贞斋北行，黄石山径旁树木繁茂，园景被山林层层遮掩，林中黄石假山上忽见一座方亭"梅亭"，令人顿生登高之意。渐近梅亭，黄石山径蜿蜒而下，一道东西向的黄石山谷出现在前方。山谷中水声潺潺，惠山泉水由暗渠引入园中。

"梅亭"

　　造园者取泉水流淌时的声响似"金石丝竹匏土革木"八音，故名曰"八音涧"。该谷始于西墙脚水口处，终于谷口石门处，长约30米。八音涧形似深山幽谷，两边危崖地势时高时低，其上草木葱茏；谷道多变，忽宽忽窄；谷底平坦，回环曲折。

　　惠泉自墙下流出先集于小池；经路底暗渠，由石槽流出；水沿崖下水道流淌，涧水或阔或狭，或集或散，或藏或露，或断或续，或缓或急；终由水口泻入潭中，泉声清脆，顿生沁凉之意。八音涧谷口的磐石上，镌刻隶书"八音涧"三字。

　　由八音涧而出园景豁然开朗，以水池"锦汇漪"为中心，池畔亭廊桥榭、樟竹枫榆密布，远处为锡山与其山顶的龙光塔。锦汇漪之名，喻池面波纹如丝织物般色泽光丽璀璨。此南北修长的条形水池，面积仅2.5亩，宛若一面巨大的镜子，将山光塔影尽收其中，建筑主要分布于北岸、东岸与南岸。

"八音涧"泉水

"八音涧"峡谷

"锦汇漪"

　　锦汇漪西岸为土堆假山"青龙山"与人工半岛"鹤步滩",青龙山林木幽深、苍翠欲滴;鹤步滩石板桥飞渡、杨枫斜偃,显得较为接近自然状态。

　　锦汇漪北岸自西往东有"嘉树堂"、大石山房与游廊。嘉树堂坐北朝南,面阔三间,硬山顶。堂前为锦汇漪水面,隔池可远眺锡山龙光塔景致。大石山房在嘉树堂东北方向,紧贴北园墙,以游廊连接嘉树堂。大石山房隐于园林一隅,山房前的锦汇漪岸边有株红枫,与水上廊桥构成园景。大石山房有游廊,曲折向东,跨过锦汇漪水面一角,形成廊桥景观,与东岸"涵碧亭"连接。

"鹤步滩"

"嘉树堂"

锦汇漪东岸由北往南有"涵碧亭""清响月洞门""知鱼槛""郁盘廊"，以七星桥与北岸相连。七星桥由七块黄石板铺成，造型朴拙，平卧水面，斜跨在锦汇漪上，乾隆帝作诗"一桥飞架琉璃上"即咏此桥。

"七星桥"

　　涵碧亭在锦汇漪的东北部，是座单檐歇山卷棚顶方亭，亭基跨于水面，可近览七星桥。亭往南的清响月洞门是园林东门，在门口临池处叠砌有"案墩假山"，山上种植紫藤。门往南为知鱼槛，为一座水上的歇山顶卷棚顶亭榭。中国园林与道家思想紧密联系，槛名取自《庄子》的"安知我不知鱼之乐"。知鱼槛以半廊连接郁盘廊，廊壁开有漏窗，镶嵌石碑。半廊南部的"郁盘"为凸向池面的小亭，亭内石桌凳为古物。

"涵碧亭"

"清响月洞门"与"案墩假山"

"知鱼槛"

"郁盘廊"

锦汇漪南岸有面阔三间、硬山顶的"先月榭",榭的南北方向不设门窗,有如凉亭;榭前设濒水平台以观景。

"先月榭"

先月榭往南的园林区域,以建筑、立峰、水池为主。先月榭东南方向有二层歇山卷棚顶楼阁凌虚阁,此阁坐北朝南,面向"介如峰"。阁南为介如峰与"镜池",介如峰亭亭玉立、老藤攀援,又名"美人石";镜池为长方形水池,池水可倒映介如峰倩影。

镜池西南有"御碑亭",亭内陈列刻有乾隆帝绘介如峰图的石碑。镜池往西的高台上有坐西朝东的"卧云堂",面阔三间,硬山顶,堂前可仰望锡山龙光塔。卧云堂东南有曲涧,承接泉水汇入锦汇漪;卧云堂西南有"邻梵阁"(古华轩),阁因紧邻惠山寺而得名,阁上可隔日月池远眺寺景。镜池之南为钱王祠,原为园林的一部分,后单独成祠。

"介如峰"与"镜池"

"御碑亭"

"卧云堂"

"邻梵阁"

寄畅园今貌与清初时期相比，多有变化。如老园门在"锦汇漪"东，现移到"双孝祠"；因惠山横街拓宽，东园墙于1954年向内退缩7米；垫高"八音涧"；"介如峰"前的方池面积缩小；"御碑亭"挪位；"卧云堂""先月榭""凌虚阁"等为后期修复。

寄畅园的造园艺术重在"巧于因借，精在体宜"，以"藏""露"为主的艺术手法，使园林更富有自然趣味与丰富的空间视觉效果。寄畅园处于惠山、锡山之间的微坡地上，从无锡老城远望惠山、锡山，两山似联结一体，而寄畅园隐藏于山谷间。在园内池水延伸的方向，露出锡山之巅的龙光塔，同时隐藏了园林附近的街道和民居。再如"八音涧"的设计，将泉水隐藏于山石间，使人不见水色却能静听水声。寄畅园因水而成景，园内的水源有两处，一处自二泉书院"积香池"而来，由北园墙经"八音涧"汇入"锦汇漪"；另一处自惠山寺前"日月池"而来，由西园墙经"卧云堂"前汇入"锦汇漪"。

寄畅园建园460余年以来，经历三次大型修建与改造活动，从一处家族园林成为历史名园，其历程见证了江南园林艺术在明清时期的风格趣味嬗变与无锡秦氏家族的兴衰。园址坐落于一处人工土山处，此山是江南巡抚周忱在明正统十年（1445）堆叠的"青龙山"。造园的秦氏家族为无锡望族，其先祖为宋代词人秦观。秦观本为淮海（今扬州高邮）人，南宋绍兴初年，其子秦湛因任常州通判而迁居无锡，将秦观棺椁从高邮迁往惠山西麓。明清时期，秦氏家族名宦辈出。明嘉靖初（1527年后），曾任南京兵部尚书的秦金退隐故里，购得惠山寺僧舍"南隐""沤寓"旧址，新建园林命名为"凤谷行窝"，园林风格"苍凉廓落"。秦金身后，园林由其子江西布政使秦梁与族侄秦瀚继承，遂为家族所有。嘉靖三十九年（1560），秦瀚重修并叠山、凿池，称为"凤谷山庄"。

万历十九年（1591），秦梁之侄、都察院右副都御史、湖广巡抚秦燿解职。秦燿归乡后拥有此园，取意王羲之《答许椽》诗："取欢仁智乐，寄畅山水阴"，将"凤谷山庄"改名为寄畅园。秦燿仿王维《辋川二十景》为该园作《寄畅园二十咏》诗，还邀王穉登、车大任、屠隆等文人写《寄畅园记》，并让宋懋晋绘《寄畅园五十景图》。宋懋晋是明末清初"松江画派"的代表人物之一，他绘制的《寄畅园五十景图》册页为绢本重彩山水画，使寄畅园早期的图像资料得以保存。册页表现的正是秦松龄改建之前寄畅园的园林风貌，保留了明代中期江南园林的风貌，与今日园景相比有巨大的差异。

明清易代后，园归秦松龄名下。秦松龄因仕途不顺回到无锡，改筑寄畅园，他最初邀请的是造园名家张涟。张涟（1587—1673）字（或号）南垣，松江华亭人，后张涟因年老体弱，遂由侄儿张钺主持改造寄畅园的工作，将张氏"截溪断谷"的造园理念融入园林，初步奠定了今日园貌。

改筑后的寄畅园成为江南名园，秦松龄与吴伟业、姜宸英、朱彝尊、陈维崧、余怀等文人唱和。康熙帝南巡曾游赏寄畅园，为园林题写"溪光山色"等。到雍正时期，园主秦道然入狱，园子曾短暂被官府没收，在园东南角造钱王祠，于西南角造无锡县贞节祠。乾隆帝登基后，赦免秦道然并归还寄畅园，此后不久改此园为秦氏祖祠，其性质成为祠堂园林。乾隆帝六下江南不仅游赏寄畅园，还于清漪园内仿造"惠山园"（今颐和园谐趣园）。从晚清到民国，寄畅园多次损毁重建，此后屡经修缮恢复其盛期规模。寄畅园自明代始建到1952年献给国家，近400年里几乎一直为秦氏家族所有，为江南园林中的特例。

七

苏州园林

# 概说

　　苏州古称姑苏、平江、吴郡、吴中、吴门等，简称"苏"。地处江苏省东南部，西临太湖，北濒长江，总面积8657.32平方公里。境内以平原地形为主，多为膏腴之地，湖泊众多，河港交错，京杭大运河穿境而过，特别是大部分的太湖水域位于苏州境内，是著名的江南水乡；其西部与太湖诸岛处零星分布低山丘区，著名者有虎丘山、狮子山、天平山、天池山、灵岩山、太湖东山、太湖西山、虞山等，山间多产花木石材。

　　优渥的自然条件，较高的生活品质，使苏州有"上有天堂，下有苏杭"的美誉，人口众多，雅士骚客荟萃。苏州积累了雄厚的经济、文化基础，使园林艺术获得了巨大发展。

　　苏州园林的历史，可追溯到吴王梦寿的别宫夏驾湖。阖闾之子夫差不仅完成了长洲苑与姑苏台的修建，还修建了吴宫梧桐园与馆娃宫。苏州当地传说灵岩寺为西施居住的馆娃宫旧址有"月池""砚池""玩华池"等与西施传说相关的园景。

　　秦汉至隋唐时期，苏州造园渐增。有西汉吴王刘濞建的长洲茂苑，东汉豪强笮融的笮家园，三国吴主孙权建芳树苑、落星苑，东晋文人顾辟疆建的辟疆园，南朝刘宋雕塑家戴颙的宅园，唐代诗人韦应物于唯亭的山庄，唐代诗人陆龟蒙的田园山庄，另有孙驸马园、孙园、褚家林亭、凌处士庄、颜家林园、州衙署园林等。南朝至隋唐佛道盛行，兴建了寒山寺、真庆道院、虎丘山寺、秀峰寺、开元寺等寺观园林。

　　五代至宋代是苏州园林的快速发展期，园林数量、质量有长足发展。此时苏州为割据政权吴越国管辖，吴越三代五王保境安民，派钱元璙、钱文奉、孙承祐等治理吴地，使苏州维持了长期的稳定与和平，经济与文化持续发展。钱元璙在苏州城南的南园，在今天苏州中学、苏州文庙一带，有田畴、菜畦、竹径、桃蹊、楼阁、园亭等景致。钱文奉在苏州城东的东墅位于今天苏州大学天赐庄校区一带，有堆土假山与开阔水池，供园主宾客宴集。另有钱元璙子钱文恽的金谷园与中吴军节度使孙承祐的池馆。两宋时期苏州经济文化繁荣，园林艺术步入繁荣，民众热衷栽花植树、开池立峰。苏州太湖东山、西山盛产湖石，是上乘的造园石材。甚至宋徽宗设苏州应奉局以"花石纲"运送奇石花木，供汴京修造皇家园林艮岳园使用。宋代苏州园林以沧浪亭、乐圃、同乐园、石湖别墅等较为著名。诗人苏舜钦于庆历年间贬官，后在苏州城南溪上以五代废园旧址造沧浪亭，当时其地荒芜野逸，有水面数十亩。其旁小丘上草木繁盛，沿水设有主景"沧浪亭"，取《楚辞·渔夫》中"沧浪歌"得名。北宋末的朱勔虽为佞臣，但有造园才华，建有私家园林同乐园。南宋文人范成大位于石湖上的石湖别墅又名"范村"，园内有"农圃堂""天镜阁""千岩观""梦渔轩""盟鸥亭""说虎轩"等景，集观赏、生活与生产功能于一身。

元代文人入仕极难，于是文人多将精力运用在仕途之外的其他职业与喜好。元代苏州文人擅于诗文、喜好书画、热衷归隐，在园居生活中将诗文书画与园林艺术进行深度融合，尤以狮子林与玉山草堂较为著名。

狮子林是天如禅师的道场，由禅师的弟子们集资修建。天如禅师曾在杭州临安天目山师从中峰明本禅师，两人皆为临济宗高僧，在元代具有一定的社会声望。狮子林内石峰多形似狮子，故名。园初建时以石假山、竹林、柏树、梅花等著称，石假山与竹木占据园林面积的大半[1]，园景有"狮子峰""含晖峰""立雪堂""禅窝"等。此园在文人圈中有较高声誉，如元末明初文人倪瓒、高启、王彝、徐贲、姚广孝等曾游此园，并有诗文、绘画传世。玉山草堂是昆山人顾瑛的私家园林，位于昆山绰墩附近。顾瑛（1310—1369），昆山人，青少年时为商人，后为文士，园景有"芝云堂""可诗斋""浣花馆""读书舍""春晖

---

1. 欧阳玄（元），狮子林菩提正宗寺记。

楼""淡香亭"等。顾瑛雅好文艺，在园内召集顾坚、王蒙、倪瓒、杨维桢、张渥、李立、黄公望、张雨、陈基等文人举办"玉山雅集"。

明初受朱元璋的造园禁令影响，苏州造园活动陷入沉寂。明中期以后，伴随社会环境的宽松，江南经济的繁荣与新型市民阶层的崛起，苏州成为全国的经济、文化、艺术中心城市，苏州园林迎来了兴建热潮。到晚明时期，苏州商业文化发达，使苏州园林风格日趋华丽。不仅当地的大量官员、文人、商贾参与造园，甚至连普通百姓在无法独立造园的情况下也要以"盆岛"作为赏玩之物。明代苏州园林数量众多，有刘钰的寄傲园、杜琼的乐圃、沈周的有竹居、韩雍的葑溪草堂、唐寅的桃花坞、吴宽的东庄、徐封的紫芝园、刘庭美的小洞庭、王献臣的拙政园、徐泰时的西园与东园、文徵明的停云馆、王心一的归田园居、张凤翼的求志园、袁祖庚的醉颖堂、申时行的适适圃、范临允在天平山的天平山庄、赵宧（yí）光在支硎山余脉寒山上的寒山别业、许自昌在甪直的梅花墅、徐孟祥在太湖西山的雪屋、徐缙在太湖西山的薜荔园、王世贞在太仓的弇山园、陆昶在太仓的锦溪小墅、龚大章在昆山的东庄等，另有狮子林、大云庵、郡学等寺庙园林与书院园林。此外，还出现热衷造园的王鏊家族。王氏家族的园林，有王鏊在太湖东山王巷的真适园、王铭在太湖东山的安隐园、王延喆的娱老园、王鏊的鉴舟园、王镠的宅园、王延学的从适园。

清初苏州依然沿袭明末的造园风气，风格愈加秀雅精致。而康熙帝、乾隆帝在位时间较长，均有6次南巡的经历，南巡所到之处修建行宫、游赏园林，不仅促进了江南当地造园的繁荣，也客观上推动了南、北方造园艺术的互鉴与提升。清代晚期清军与太平军对苏州的争夺，使苏州园林荒废。战争结束后，苏州园林迎来复建与新修的热潮，成为苏州古典园林营造的最后一抹晚霞。

清代苏州代表性的私家园林，有顾予咸的雅园、顾嗣协的依园、尤侗的亦园、顾嗣立的秀野园、韩馨的洽隐园、顾汧的风池园、缪彤的志圃、陆润庠的笑园、刘恕的留园、达桂的网师园、蒋楫的环秀山庄、石韫玉的五柳园、蒋谢庭的尚志堂、顾沅的辟疆小筑、吴嘉淦的退园、袁学澜的双塔影园、陆解眉的北半园、潘曾琦的柴园、吴云的听枫园、史杰的南半园、俞樾的曲园、汪锡珪的壶园、顾文彬的怡园、洪尔振的鹤园、潘承锷的畅园、谭绍光的慕园、蒋重光的塔影园、瞿远村的抱绿山庄、汪琬的尧峰山庄、吴士缙的南垞草堂、王申荀的石坞山房、叶燮的横山别业、陆籀的水木明瑟园、吴铨的遂初园、毕沅的灵岩山馆、沈德潜的严家花园、钱炎的桂隐园、查世倓的邓尉山庄、蔡源的爱日堂花园、秦宗迈的芥舟园、洪钧的拥翠山庄、杨成的五峰园、任兰生的退思园、蒋元枢的燕园、赵烈文的赵吾园、曾之撰的曾园、松梅小圃等。寺庙园林有阊门外的戒幢律寺、灵岩山的灵岩寺、常熟虞山的兴福禅寺等。馆社园林有文衙弄的七襄公所艺圃、虎丘的花神庙等。另有衙署园林、书院园林，有带城桥下塘的苏州织造署花园、道前街的按察使蓓园、苏州府文庙的植园、沧浪亭对面的正谊书院可园等。

　　清末民国时期，由于社会动荡、时间较短，造园活动不及清代。因苏州处于上海、南京之间，沪宁两地的官宦、巨贾、文人众多，故受中外交流影响，苏州园林出现了中西融合的迹象。这一时期，有沈秉成的耦园、吴待秋的残粒园、苏谦的天香小筑、汪世铭的朴园、任道镕的万氏花园、吴忠信的吴家花园、沈寿的绣园、金锡之的春在楼花园、席启荪的启园、余培轩的墨园、余觉的觉庵、范烟桥的邻雅小筑、姚冶诚的丽夕阁、叶圣陶的宅园、周瘦鹃的紫兰小筑、陶叔平的桃园、罗梁鉴的罗园、李根源的阙园、叶遑的荫庐、费仲琛的费宅花园等。

　　苏州现存明清及近代园林较多，以私家园林为主，还有衙署园林、书院园林、寺观园林、馆社园林、祠堂园林、陵墓园林、公共园林等，其园林分布于古城、城郊、市镇、山水之间等处。

　　苏州古城基本维持了"水陆并行、河街相邻"的双棋盘格局，与宋代石刻《平江图》相似。古城内水道纵横、市井繁华，其园林多深藏于深巷老宅中，以"城市地""傍宅地"园林较有特色。有拙政园、狮子林、沧浪亭、网师园、环秀山庄、艺圃、耦园、怡园、曲园、听枫园、可园、鹤园、柴园、残粒园、遂园、慕园、朴园、万氏花园、吴家花园、南半园、北半园、天香小筑、绣园、师俭园、苏州织造署花园、五峰园、惠荫园、畅园、退思园、雷氏别墅花园、墨园。

苏州城郊因运河商贸而繁荣、街市连绵，其园林多沿河道、丘陵分布，以"郊野地""山林地"园林较有特色，分布于虎丘山、山塘街、上塘河等处。如虎丘山的拥翠山庄，复建的一榭园、西溪环翠等；虎丘下山塘街的塔影园；虎丘以北盛家浜的陶园；上塘河北岸的留园、西园寺。

另有一些离苏州城不远的市镇，如木渎、同里、震泽、黎里等也有园林分布，以"村庄地"园林较有特色。有木渎的严家花园、古松园、饮虹山房，同里的退思园、耕乐堂，盛泽的先蚕寺花园，震泽师俭堂锄经园，黎里的端本园等。

苏州灵岩山、天平山、天池山、光福山、石湖、太湖东山与西山等处以自然山水著称，古往今来造园不辍，其"山林地""江湖地"园林较有特色。有灵岩山的灵岩寺花园，天平山的天平山庄，天池山的寒山别业旧址，光福山的司徒庙后花园，石湖的石佛寺、天镜阁、觉庵，东山的启园，西山的芥舟园等。另有惠和堂、怀古堂、宝俭堂等历史园林，为今人重修。今天苏州不仅有修缮传统园林，还有民众营造传统园林的习惯，著名者如影园、南石皮记等。

除苏州城区，其代管的县级市昆山、常熟也有传统园林传世。昆山传统园林较少，仅有周庄张厅一处。常熟地处苏州西北部，其境内以"土壤膏腴"的长江三角洲冲积平原为主，又因"岁无水旱之灾"的良好自然条件，盛产粮米而有"常熟"之美誉。其地以古城为中心，溪流湖荡向四方辐射。城西有虞山、尚湖，而古城将虞山东麓纳入城中，当地人有"十里青山半入城"之说。城内原有七条源于虞山石梅涧焦尾泉的溪水，因似古琴七弦而得名琴川。虞山主脉为东西横亘状，悬崖怪石、百草丰茂，山间有洞、崖、泉、涧等景致。虞山南侧的尚湖，水面宽阔、烟林漠漠。湖山相依、水网交织的地理特征，使常熟园林拥有相对优越的选址。而历史上常熟人文荟萃，多文人与书画名家，知名者有黄公望、钱岱、钱谦益、瞿式耜、王翚、蒋廷锡、翁心存、翁同龢、陆抑非等，为造园提供了较为优渥的人文环境。

明代是常熟园林的兴盛期，主要有小辋川、拂水山庄与东皋草堂。万历时的监察御史钱岱在西门内虞山脚下的九万圩建有小辋川，园被碧水环绕，可借景虞山，有"蓝田别墅""水木清华堂""空心亭"等景，造园创意受王维辋川别业的影响。崇祯时著名文人钱谦益，在西门外的虞山拂水岩下建有拂水山庄，有"偶耕堂""明发堂""秋水阁""小苏堤"等景致。钱谦益身后，钱氏族人要夺家产，柳如是被迫自缢，钱、柳夫妇葬于园内。钱谦益弟子瞿式耜在水北门外的扈成村建有东皋草堂，又称瞿园。原为其父左少参瞿汝说的园林，瞿式耜扩建后形成"浣溪草堂""镜中来"等景致。此外，还有蒋以忠的日涉园、周彬建的苍翠园、陆尊礼的嘉荫园、顾氏小园等。

清代，常熟文人名宦辈出，他们精于文艺、热衷园林，主要有燕园、赵园、曾园、之园与柏园。曾任台湾知府的蒋元枢在辛峰巷建有燕园，其黄石假山为清代叠山名家戈裕良所建，在现存园林中极为罕见。嘉庆、道光年间，吴峻基利用钱岱小辋川旧址的部分修建水壶园，后改称"水吾园"，园内水面如鉴、廊道蜿蜒、荷香四溢，惜毁于咸丰十年（1860）的战乱。两江总督曾国藩幕僚赵烈文在水壶园旧址建有赵园，又称"静圃"，内有藏书楼"天放楼"。清末官商盛宣怀购买赵园后捐与尼寺，更名"宁静莲社"，又称"祇园"。《孽海花》的作者曾朴同样在虞山下建有曾园，也是小辋川的部分旧址。园内桃柳依依、桂香柏翠，有"莲花世界"与木栏红桥（九曲桥）等景致。曾园往东有之园，又称"九曲园""翁家花园"，为光绪时布政使翁同龢侄翁曾桂私园，园内水系萦绕、游廊映水。帝师翁同龢在书院街的故居内有"柏园"，原为明代园林残留，其地面采用"旱园水作"法，以青砖模仿水面涟漪传达水的意象，形态简洁、意趣高雅，与其他江南园林的花街铺地图案化的处理方式迥异。此外还有吴峻基的壶隐园、唐氏宅园、张大镛的半野新园、王维宁的松梅小圃等。

现存常熟园林主要为私家园林。曾园、赵园曾被常熟县立师范使用，今将两园合并开放，取名"曾赵园"。之园在常熟人民医院内，几经后世修缮，其格局尚存。飘香园在沙家浜唐市古镇，园内多植梅花、桂树，其前身为松梅小圃。东皋草堂大部分无存，仅遗假山、古树、池塘、游廊与花厅。拂水山庄的园林废址中仅存石桥、钱谦益墓与柳如是墓。

# （8）拙政园

苏州古城北部齐门内的东北街，是姑苏繁华的缩影。作为苏州"四大古典园林"之首的拙政园，就位于这片喧嚣的市井之中。

现存拙政园分为东、中、西三园，占地面积52000平方米。过去园林界曾一度认为东园是拙政园的一部分，园林部门据此将三园合并管理，且重新设计了游园路线。园林学者唐堃认为中园、西园为拙政园的历史园林区，东园为另一处明代古园林归田园居的旧址。总体而言，东园建筑分布密度较小，中园建筑分布密度适中，西园建筑分布密度较大。东园在新中国成立后有过重修，园貌改变较大，其中部分园景有可观之处，本节作简要叙述。现存拙政园历史园林区，已和明代拙政园原貌相去甚远，在合并成景区前为三处相对独立的园林。本节在叙述方式上，总体按东园、中园、西园的顺序展开，东园游园路线遵循拙政园景区现入口的游园路线；中园、西园的游园路线，则由已析出南侧宅邸部分开始，在整体结构上注意三园之间的关系。

**东园**区域由南部兰雪堂庭院，东部"芙蓉榭"与"天泉亭"，北部"秫（shú）香馆"厅堂，中部假山与"放眼亭"，西南部"涵青池"亭池组成。

今拙政园大门开在东园的东南侧。由水磨青砖大门进入，入口处粉墙下为"湖石花台"，台上数座湖石立峰，形态若灵芝、立狮，立峰间植青松、翠竹、山茶、蔷薇等。立峰两侧粉墙上各开月洞门，上嵌砖雕隶书门额"通幽"与"入胜"。

东园入口处"湖石花台"

月洞门后，为东园南部的兰雪堂庭院。堂坐北朝南，面阔三间，硬山顶。堂前花坛内遍种麦冬，对植白皮松、玉兰等。

堂名取李白《别鲁颂》中"独立天地间，清风洒兰雪"最后两字。堂北有土戴石形式的假山，山上散置湖石，立缀云峰、联璧峰，山间植白皮松、青松、麦冬等，青松树形舒展，山顶草木丰茂，恍若旷野。两处立峰为明代园主王心一叠造，今非明代遗物，为20世纪50年代重叠。缀云峰湖石叠砌，上大下小，形若灵芝。王心一的《归田园居记》载"池南有峰特起，如云缀树杪，谓之缀云峰"。意思是此峰顶的形态若云，与树梢相接，若云朵点缀树梢。旁边立联璧峰，外形似帆，较为扁平。为王心一载："池左两峰并峙，如掌如帆，谓之联璧峰。"

联璧峰北为荷池，池形不规则，湖石护岸。池东为芙蓉榭，水榭坐西朝东，面阔三间，单檐歇山卷棚顶。榭西凭栏可观荷，有"芬葩灼灼，翠带椸椸"之景。

东园"芙蓉榭"

芙蓉榭北的平地上，建有井亭天泉亭。亭内为八角井圈，该古井传为元代大宏寺旧物，亭周围旧时为田地，今已作园林绿化。

亭西沿荷池水系西行，可达北部秋香馆厅堂。秋香馆坐北朝南，面阔七间，单檐歇山卷棚顶。馆名源于园内旧时建筑秋香楼，《归田园居记》载"北折为秋香楼。楼可四望，每当夏秋之交，家田种秫，皆在望中"。旧时秋香楼可望见园外园主的秫田，夏秋之际稻谷成熟时稻香四溢，为借景园外。而此园虽处古城、前临闹市，却有选址村庄地的趣味。秋香馆南有临水平台，濒水处设矮栏。往南隔水相望处为假山与放眼亭，是东园主景。

假山以湖石叠砌底部，上部堆以泥土，山间种植青枫、红枫，山顶放眼亭之名取自白居易诗《洛阳有愚叟》"放眼看青山"中二字。假山转角濒水处作石矶，几乎与水面平齐，意态自然。假山西转，一座"石拱桥"横亘于缩窄的水面，桥畔枫香、篁竹、芦苇环绕，一到秋季丹枫枯苇、野趣横生，似虎丘环山溪流。沿溪流往南，可抵一处石峰小景。石峰由湖石叠砌，形若狮子。

继续南行，可到西南部涵青池亭池。涵青池的外形近长方形，以黄石护岸，砌低矮条石护栏。池南有方亭涵青亭，亭名取储光羲《同张侍御鼎和京兆萧兵曹华岁晚南园》"池草涵青色"中的二字。亭坐南朝北，单檐歇山卷棚顶，亭前部跨水，两侧各有屋檐伸出，远望若凤凰展翅。东园西部贴墙处为游廊，墙上开两门可连通中园。

东园"石矶"与水道

东园"石拱桥"

东园"涵青池"亭池

　　**中园**由南部宅邸建筑群区与北部园林区构成。旧时主入口处在园林路东北街路口以北，园门由水磨青砖砌成。门后有狭长巷道，直抵中园主堂远香堂南侧的腰门。此外，巷道东侧原张之万宅，巷道西侧原八旗直奉会馆，均属中园南部宅邸区域。南部宅邸尽管以高密度的建筑群为主，但在建筑细节中嵌入园林元素，使宅邸成为街市与园林的过渡空间，其中八旗直奉会馆东路建筑群现存园林元素较多。

　　旧时主入口西侧的八旗直奉会馆的粉墙上，开月洞门并嵌砖雕楷书"蒙茸一架自成林"，粉墙上方绿叶拥簇、联为翠云，与砖雕所书文字相映成趣，提示院内为文徵明手植紫藤。入门后为八旗直奉会馆"卧虹堂"，堂前与月洞门之间空地上，为文徵明手植紫藤。藤下立"文衡山先生手植藤"石碑，并以湖石立峰托起紫藤主干。

中园"文衡山先生手植藤"碑与藤

卧虬堂后为坐南朝北、倒坐的古戏台，再往后为小天井。天井东侧、西侧有湖石立峰与白玉兰搭配的湖石小景。天井往后为厅堂、游廊合围的狭长院落，厅堂在北，其余三面为游廊，中轴线上设"廊桥"，廊桥以湖石作桥身。

狭长院落内有湖石护岸的水池，池畔生长着枫树、翠竹、迎春、木瓜等。厅堂后隔天井为四面厅，继续往后为畅观楼，楼后遥对园内的倚玉轩。

北部园林区由东南的内园区域与西北的外园区域构成。内园区域的东部为"听雨轩""海棠春坞"院落，西部为"枇杷园"院落。外园区域以大池为中心，沿池分布建筑园景。

内园是由宅到园的过渡空间，建筑、花木多沿院落边缘分布。听雨轩与海棠春坞两处建筑一南一北，以一道粉墙隔开，并在东、西两侧以游廊连接。其中听雨轩坐南朝北，面阔三间，单檐歇山顶，轩周围墙脚

中园厅堂内"廊桥"

种植芭蕉等。轩北有一黄石叠砌水池，池岸种植桂花、芭蕉。海棠春坞坐北朝南，面阔二间，硬山卷棚顶。门前对植海棠，屋后为水湾，富有水乡风情。其南侧粉墙下为湖石花台，花台内为竹石小景；粉墙上嵌砖雕"海棠春坞"，为书房名称。

中园"听雨轩"北黄石池景

西部枇杷园的入口位于张之万宅北墙的小门。由门内望去，只见绿树成荫而不见园景。入门后枇杷园景物尽现眼前，因园内种植江南春夏之交常见的鲜果枇杷而得名。枇杷四季常青、叶片硕大的特征，往往给人夏季感。此内园地势分两层，由湖石夹道的台阶往下，为大块空地。

大块空地东为玲珑馆，南为嘉实亭，东北为假山上的"绣绮亭"。玲珑馆坐东朝西，面阔三间，卷棚歇山顶，内悬楹联"秋色入林红黯淡，日光穿竹翠玲珑"。嘉实亭为坐南朝北的攒尖顶方亭，内悬楹联"春秋多佳日，山水有清音"。绣绮亭位于土假山之巅，坐东朝西，面阔三间，卷棚歇山顶。亭内楹联"露香红玉树，风绽紫蟠桃"。亭中视野极佳，向西可俯瞰主景"远香堂"及池山亭林。

中园"枇杷园"

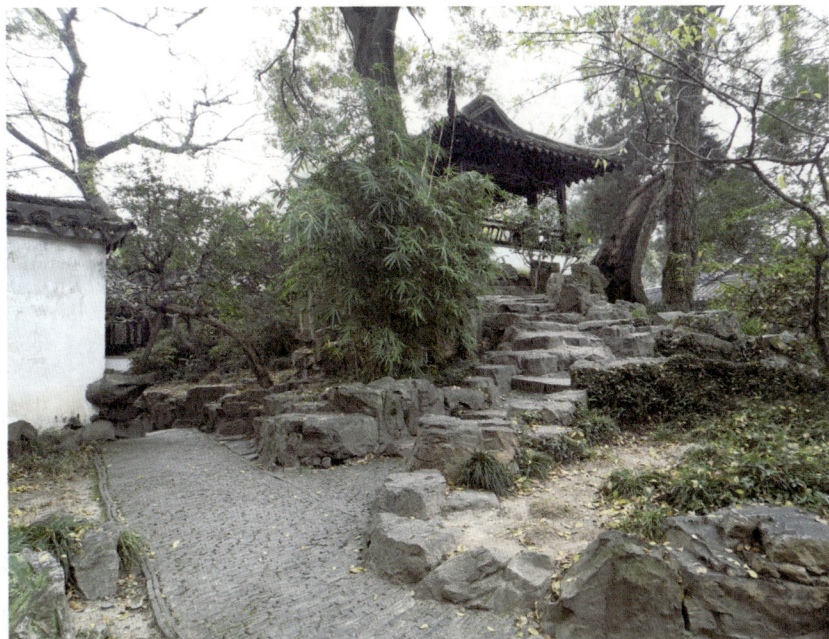

中园"绣绮亭"

枇杷园北墙上开小门，门南砖雕匾额楷书"晚翠"，门北砖雕匾额行楷"枇杷园"，门内是园景主体部分。中园以大池为中心，池向东南、西南、西北延伸出水湾，池中有三处岛屿，建筑多沿池岸、岛屿分布。

池南由西往东依次为玉兰堂、"香洲"、倚玉轩、"远香堂"、绣绮亭、海棠春坞等，以堂、轩、舫、亭等建筑为主，却不乏山林景致。

玉兰堂坐北朝南，面阔三间，硬山顶。往东的香洲为旱舫，分前、中、后三舱，前舱庑殿卷棚顶，中舱硬山卷棚顶，后舱二层歇山卷棚顶。其名来自屈原《楚辞》中"采芳洲兮杜若"，"芳洲"指长满香草的岛屿。

隔水的倚玉轩，坐西朝东，面阔三间，单檐歇山卷棚顶。往东的远香堂坐北朝南，面阔五间，单檐歇山顶。远香堂向南有一座"黄石假山"，假山后的"腰门"为旧时入口。

中园"香洲"

中园"远香堂"

黄石假山与中园旧时入口"腰门"

池东由南往北依次为倚虹亭、游廊、"梧竹幽居"，以游廊串联起主要景物。倚虹亭是连接东园与中园的通道，其西侧临水平台可远眺中园借景"北寺塔"，为园内著名景观。亭北的游廊紧接坐东朝西的方亭梧竹幽居，该亭往西有石桥跨水直达岛屿。

中园借景"北寺塔"

中园"梧竹幽居"

池北由东往西依次为"绿漪亭"与沿岸径路，建筑较少，带有郊野景物特征。绿漪亭是水池东北角的攒尖顶方亭，亭内悬"鹤发初生千万寿，庭松应长子孙枝"。亭边河埠伸入水中，在此可总览山北的池景。

池西由北往南依次为"见山楼"、柳阴路曲游廊与"别有洞天亭"，景物较少。毗邻西园，并借景西园。池西见山楼为池中孤屿，坐北朝南，面阔五间，重檐歇山卷棚顶，其地基由条石砌成。

中园"绿漪亭"

中园山北的池景

中园"见山楼"

见山楼西北有溪流通过水门连接西园水体，其爬山廊边生长着红枫。柳阴路曲游廊路径曲折，可抵别有洞天亭。亭坐西朝东，单檐歇山卷棚顶，中开月洞门。此亭是连接西园与中园的通道，其门洞内构成框景的视觉效果。

中园"别有洞天亭"

池中有三岛，分别是东岛与"待霜亭"、中岛与"雪香云蔚亭"、西岛与"荷风四面亭"，三岛以桥、堤与陆地相连。东岛以土山为主、黄石护坡，山间生长白梅、红梅等，山顶有六角亭待霜亭，岛西侧有石板桥连接中岛。中岛山间生长柑橘、枫树等，山顶为方亭雪香云蔚亭。西岛上六角亭荷风四面亭，得名于附近水面多生长荷花。该亭为岛上交通枢纽，东连雪香云蔚亭，南接倚玉轩，西达柳阴路曲游廊。

此外，池西南是由"小沧浪"、"松风水阁"、得真亭、"小飞虹"合围的水湾。水湾东岸的松风水阁为濒水方亭，面朝西北，后连游廊。水湾南部水面上的水阁小沧浪坐南朝北，面阔三间，与游廊相接。

中园东岛"待霜亭"与中岛"雪香云蔚亭"

中园中岛"雪香云蔚亭"

中园"荷风四面亭"

　　小沧浪之名来自宋代起就已出名的园林沧浪亭，沧浪亭以水畔游廊与跨水石桥著称，此处水院有所借鉴，故名。其底部为石桥，水系由此出园。水湾西岸的得真亭坐南朝北，单檐歇山卷棚顶。水湾北部水面上的小飞虹为一座廊桥，桥身为明代遗物。亭壁模仿书画中堂与对联，中挂大镜子并悬楹联"松柏有本性，金石见盟心"。

　　**西园**原入口在十八曼陀罗馆以南的住宅区，现由别有洞天亭入园。西园的平面呈不规则梯形，园内为南池北山格局。假山分布于池中岛屿与池北，以黄石叠砌，山间为峡谷。其水池外形不规则，但转折有序，大致呈"南北—西东—南北"走向。

中园"小沧浪"与"松风水阁"

中园廊桥"小飞虹"

西园"别有洞天亭"

　　池南自东往西为游廊与"卅六鸳鸯馆"，馆东假山上有"宜两亭"。由别有洞天亭连接的游廊蜿蜒西行，廊南湖石假山上为宜两亭。亭内可越墙俯瞰中园、西园景物，故名。

　　亭往东的卅六鸳鸯馆为双面厅，其北部横跨水面类似水榭，窗户装饰彩色玻璃，窗外为荷池、假山、浮翠阁、笠亭、与谁同坐轩组成的池山主景。此厅以间隔屏风为界，朝南名十八曼陀罗花馆，盖因馆前墙脚种山茶花又名曼陀罗花；朝北名卅六鸳鸯馆，是因馆前水面养鸳鸯而得名。

西园"卅六鸳鸯馆"

西园"宜两亭"与游廊

　　馆往西过三折石桥，为池西的"留听阁"。此阁坐北朝南，面阔三间，单檐歇山卷棚顶。前部平台临水，与池西南角水面的"塔影亭"相望。亭周围以黄石为径，池中倒映亭影，形如宝塔，故名。

西园"留听阁"与石桥

西园"塔影亭"

池北自西往东为"浮翠阁"与"倒影楼"。池北浮翠阁坐落于假山上，为二层楼阁，阁内可俯瞰"卅六鸳鸯馆"与池山。倒影楼在池东北角，坐北朝南，面阔三间，硬山顶楼阁。池东自北往南为"游廊"与园墙，为中、西两园边界。游廊曲折高下、舒缓多变，底部由湖石桥墩与石梁撑起，为形式特殊的廊桥，得"长桥卧波"之意。园墙上开花窗，借景中园。

游廊隔水西望为岛屿，由黄石叠砌，岛上自西往东为笠亭与"与谁同坐轩"。岛上笠亭为箬帽状，周围生长翠竹。与谁同坐轩是一扇亭，其平面、透窗皆为扇形。亭其名来自宋人苏轼《点绛唇·二之一》中"与谁同坐？明月清风我"，表达与友人共享自然风景之美，扇亭取清风之意。亭前水面上有石经幢一座，为点睛之笔。

西园"浮翠阁"

西园"倒影楼"

西园"游廊"

西园"与谁同坐轩"

现存拙政园中园、西园与其晚清时期的格局大致相同，而出入口的更改，使游园顺序发生变化。该园为苏州名园，历代有诸多与之相关的文献与图像资料存世。据设计者文徵明绘《拙政园三十一景图》与《拙政园诗画图册》显示，初建的拙政园类似"郊野地"园林，园内较空旷疏野，以池湾、花木等郊外水乡景物为主，建筑密度较低，还可望见城墙，中园池山现状表明现存拙政园保留部分明代特色。

在整体建筑密度上，东园疏朗野逸、中园繁简适中、西园丰富紧凑。其中中园池山宏大不失细腻，"塔影亭"幽邃不失虚和，"香洲""小飞虹""小沧浪"等建筑胜在人力不失古雅，池山苍古质朴而不失生趣，水系萦绕而不失敞阔，"见山楼""宜两亭""绣绮亭"可资眺望而不突兀。并将江南传统造园中的对景、框景、借景、障景、漏景等多种艺术手法，运用得娴熟而不机械。"倒影楼"与"宜两亭"互为对景，"倒影楼"眺望"宜两亭"亭廊，有水木明瑟之趣；"宜两亭"亭廊眺望"倒影楼"，有悠远深邃之意。"别有洞天亭"以圆门框景，使中园池山成为画面。中园借景北寺塔，使园林空间与意境大为扩展。腰门处以黄石假山障景，遮住主堂池山，使园林空间曲折而骤变。"宜两亭"采用漏景，众多梅花形明瓦窗内漏出园内多处佳景。甚至有借景与漏景手法灵活运用的情况，"倚虹亭"旁游廊花窗本为漏景，却透出借景北寺塔的中园池景。

拙政园的历史可追溯到明代，明正德五年（1510）始建。其地先后为三国东吴郁林太守陆绩、唐代诗人陆龟蒙、宋代山阴丞胡稷言宅邸，有蔬圃池石。元代改作大弘寺，元末张士诚据苏时为其女婿潘元绍之驸马府。明正德四年，御史王献臣罢官回到苏州，次年营造拙政园，取意西晋潘岳《闲居赋》中的"此亦拙者之为政也"。王献臣身后其子将部分园林作为赌注，输给了徐泰时家族，徐氏在占有期间改造了园景。明清之交，钱谦益携金陵名妓柳如是在园内构筑曲房，未几被清兵占据。清初海宁人大学士陈之遴得此园，并与其妻、女词人徐灿居于园内，康熙元年（1662）被没入官。不久后由吴三桂女婿王永宁据有，其间大兴土木，形成今日园林格局。后因"三藩之乱"再度入官，康熙帝南巡游览此园。乾隆十二年（1747），太守蒋棨获得中园部分，取名复园。嘉庆十四年（1809），复园归海宁人查世倓。后于嘉庆末年归平湖人吴璥，改名吴园。太史叶士宽获得西园部分，取名书园。书园归沈元振后，汪美基寓居园内。道光十二年（1832），园东南住宅归潘师益父子，建"瑞棠书屋"。明清之际，拙政园成为文艺创作的对象，文徵明、吴伟业、徐灿创作拙政园相关的诗文作品，文徵明、王翚、恽格、戴熙绘有以园景为题材的画作。

咸丰十年（1860），太平军李秀成修建忠王府，将东侧潘爱轩宅、西侧汪硕甫宅并入拙政园。同治二年（1863），李鸿章进驻忠王府并改为江苏巡抚行辕，将吴园归公，汪宅亦还给原主。同治十年，张之万入住园内，次年拙政园成为八旗奉直会馆。光绪三年（1877），商人张履谦购买西侧汪氏园林更名补园，新建"卅六鸳鸯馆""拜文揖沈之斋"等，修缮后的风格趋于富丽奢靡，具有世俗趣味。1955年，"归田园居"与中、西两园合并改造，形成今日园貌。拙政园于1961年被列入第一批全国重点文物保护单位，1997年成为世界文化遗产。

# （9）留园

苏州古城阊门外往西至枫桥铁铃关之间有上塘河，旧时为城郊幽静之处。留园就位于河中段的北岸附近，为选址"城郊地"的大型园林，此园因受城市化影响而逐渐成为"城市地"园林。

留园平面近似于不规则的正方形，占地面积23300平方米。原本可分为6个区域，即东南部住宅区域（今已不存），东部"五峰仙馆"与"林泉耆硕之馆"区域，南部祠堂与游廊区域，中部寒碧山庄区域，北部"又一村"区域，西部山林与"活泼泼地"区域。

由留园路北望，留园为一片粉墙黛瓦的低矮建筑群，与苏州街市上随处可见的普通民居并无二致。"大门"外观较为质朴，门额为石刻隶书"留园"，表现出低调含蓄的特征。

"大门"

由此步入留园南部区域，祠堂位于西侧，"游廊"位于东侧。园门内为门厅，坐北朝南，面阔三间，硬山顶。悬杨仁恺行书楹联"几处楼台画金碧，个中花石幻灵奇"。门厅后为小天井与曲廊构成的廊道，狭窄的游廊曲折回环，小天井层层递进。廊道墙下种植花木，墙上开各式花窗，甚至有竹梢透过花窗，蕴含着诗情画意。

廊道后部为"小天井"，天井内布置"树石小景"：青砖铺地，湖石为花台，桂花为主树，墙脚点缀丛竹、天竺，石缝间生长麦冬，显得幽深静谧。小天井往北开一小门，门上篆书"长留天地间"，自此开始进入中部的寒碧山庄区域。廊道是入园的过渡空间，

入口"游廊"

将原本南北笔直的通道变成园林的游廊，令入园者顿生"庭院深深深几许"的距离感，既能保护园主的隐私，又构成了园林的序幕与提示。

游廊"小天井"内"树石小景"

至园景"古木交柯"处，有贴壁花台与假山，花台内植山茶等，花台墙面上有碑刻"古木交柯"。取此名是因为此花台旧时有古木盘桓、伸向廊内，使游园者眼前一亮，也直接提示到达园林核心部位。

花台"古木交柯"

中部区域以大池为中心，四周多以高墙、游廊、楼堂与其他区域分隔开，呈现出四周高、中间低，恍若山谷的视觉效果。

池南由东往西依次是古木交柯、"绿荫"亭、"明瑟楼"、"寒碧山房"，景物以各类建筑的组织搭配为特点。古木交柯既是园景名称，亦是一处廊道，其南侧为古木交柯花台；廊北面设墙，上开方形花窗，由窗口可窥见池山一角。继续往西是名为"绿荫"的小亭，坐南朝北，面阔三间，卷棚硬山顶。内悬行书亭名匾，往北临水处设美人靠。在此豁然开朗，可眺望池岛景物。

池南"古木交柯"、"绿荫"亭、"明瑟楼"、"寒碧山房"

　　亭南侧是名为"花步小筑"的花台，花台由湖石叠砌，由石笋、老藤构成主体，石间生长翠竹、天竺、麦冬等，墙上嵌隶书花步小筑。绿荫往西经游廊至明瑟楼，楼坐西朝东，面阔三间，为歇山卷棚顶二层楼阁，其二层窗户以明瓦镶嵌。悬楹联"卅年前曾记来游，登楼看雨，倚槛临风，俯仰已成今昔感；三径外重增结构，引水通舟，因峰筑榭，吟歌长集友朋欢"。

　　"明瑟楼"东南的墙角处，有湖石小景"一梯云"。一梯云为湖石立峰，形似向上直冲的云气，峰南有通往明瑟楼二层的湖石台阶，此处造景巧妙地将上楼台阶与湖石立峰结合在一起。楼西的寒碧山房坐北朝南，面阔三间，硬山顶，室内悬篆书"寒碧山房"匾额。山房朝南的庭院内有湖石花台，种植牡丹等花木；山房北侧为临水平台，可总览池山全景。

"花步小筑"花台

湖石立峰"一梯云"

池西由南往北依次是"游廊"、"闻木樨香轩"与"大假山",景色以石山树木为主。游廊为登山廊,被树石遮挡,廊内可俯瞰园中主景池山。闻木樨香轩坐西朝东,面阔三间,单檐歇山顶,因周围种植桂花(木樨)而得名。悬楹联"奇石尽含千古秀,桂花香动万山秋"。轩往东为大假山,由黄石、湖石叠砌,山石间生长桂花、丛竹、银杏等。假山临池处有立峰"断霞峰",峰上攀爬地锦,峰西壁刻篆书峰名。

池北由西往东依次是溪涧、大假山、"可亭"与"远翠阁",景物以池山林亭为主。溪涧由黄石垒砌,涧上架石桥,通往园西。大假山主要由黄石叠砌,另有湖石点缀山顶,山形横亘若"山水横披画",山间生长两棵老银杏树。山顶有六角亭可亭,为假山视觉中心。

池西"游廊"与"闻木樨香轩"

"断霞峰"

池北"大假山"与"可亭"

此外，大假山北侧有一道游廊，西接池西的闻木樨香轩，东接远翠阁。此阁又名"自在处"，坐北朝南，面阔三间，重檐歇山卷棚顶，阁前有一方形牡丹花台。

"远翠阁"

池东由北往南依次是"汲古得绠（gěng）处""清风池馆""西楼"与"曲溪楼"，景物以濒水建筑的组织搭配为主。汲古得绠处东接五峰仙馆，坐北朝南，面阔一间，硬山顶，书房因唐人韩愈《秋怀诗十一首》中"归愚识夷涂，汲古得修绠"得名，"汲古"即从古人那里学习文化、修养道德。绠即长长的井绳，修绠比喻读书可以学得古人的文化精髓，提高自己的认知水平。其入口处有桂花湖石庭院，由湖石叠砌为立峰，又起到遮蔽的作用。

"汲古得绠处"

　　往南为清风池馆，坐东朝西，为歇山卷棚顶方亭。亭内悬楹联"墙外春山横黛色，门前流水带花香。"亭临水处设美人靠，可眺望池上岛屿。往南的西楼坐东朝西，面阔三间，单檐歇山顶。西楼南连的曲溪楼坐东朝西，面阔三间，单檐歇山顶，二层楼阁建筑。楼前的小空地上，对植高大的枫杨，分布数座湖石立峰。

　　立峰北侧为方亭"濠濮亭"，位于水面上，以湖石为桥墩，坐南朝北，单檐歇山卷棚顶。水中有石经幢一座，为此景点睛之笔。

　　池中东隅为水上岛屿"小蓬莱"，岛为曲尺形，类似长堤。岛上设"紫藤架"，花开时节紫金辉映。岛屿分割池面，形成大、小两块水面。

池东"清风池馆"与"西楼"

"曲溪楼"

"濠濮亭"

水上岛屿"小蓬莱"与"紫藤架"

　　西楼院落往东，为东北部五峰仙馆与林泉耆硕之馆区域。此区域自西往东由四路园林建筑群构成，依次以五峰仙馆、"揖峰轩"、林泉耆硕之馆、"贮云庵"为中心。五峰仙馆院落由南往北依次为五峰、五峰仙馆、鹤所、小假山、游廊。五峰仙馆坐北朝南，面阔五间，硬山顶。

172

内悬楹联："迤逦出金闾，看青萝织屋、乔木干霄；经营参画稿，邻郭外枫江、城中花坞。""好楼台旧址重新，尽堪邀子敬清游、元之醉饮；倚琴樽古怀高寄，犹想见寒山诗客、吴会才人。"五峰由小块湖石叠砌，石畔生长着青松、白皮松等。

"五峰仙馆"与涩浪

"五峰仙馆"前五峰

五峰往东为鹤所。五峰仙馆后有湖石小假山，假山的西南角有泉水一眼，假山上建有游廊。揖峰轩院落由南往北依次为"石林小院"、湖石花台与揖峰轩、还我读书斋、"佳晴喜雨快雪亭"。石林小院以洞天一碧亭为中心，洞天一碧亭又名"石林小屋"，坐南朝北，为单檐歇山卷棚顶方亭。亭内设八边形透窗借景藤石，悬楹联"曲径每过三益友，小庭长对四时花"。亭东、南、西方向以园墙隔出小天井，墙上开月洞门与透窗。小天井内置湖石立峰，种植芭蕉或紫藤。

"石林小院"

亭北侧为湖石花台，内有石峰，形若立鹰。往北的揖峰轩坐北朝南，面阔三间，硬山顶，以游廊连接洞天一碧亭。其后的还我读书斋为二层硬山顶小楼，处于封闭院落内。斋后为佳晴喜雨快雪亭，坐东朝西，是一座凉亭。亭前设长方形花台，内植蜡梅。

"揖峰轩"

"佳晴喜雨快雪亭"

林泉耆硕之馆院落由南往北依次为门、林泉耆硕之馆、安知鱼之乐亭、"浣云沼"、"冠云峰"、"岫云峰"、"冠云亭"、"冠云楼"等。门后上方嵌隶书"东山丝竹"，提示南侧湖石花圃处，在历史上是戏台的所在。林泉耆硕之馆坐北朝南，面阔五间，单檐歇山卷棚顶，为一座鸳鸯厅。南厅名"奇石寿太古"；北厅名"林泉耆硕"，悬楹联"胜地长留，即今历劫重新，共话绉云来父老；奇峰特立，依旧干霄直上，旁罗拳石似儿孙"。

"林泉耆硕之馆"

　　馆北是以立峰冠云峰为主景的院落，以轴线上的浣云沼、冠云峰、花台、冠云楼为中心。水池浣云沼一半规矩池岸，石缝间生长薜荔；另一半仿自然池岸，黄石、湖石护坡。沼西为安知鱼之乐亭，亭基跨水，取《庄子·秋水》中"子非鱼，安知鱼之乐"；沼东为贮云庵，位于石砌基座上。浣云沼北的冠云峰高约6.5米，又名"观音峰"。峰后花台内种

176

植青松、红枫、翠竹等，花台往东为冠云亭与瑞云峰，花台往西为岫云峰与游廊。冠云楼坐北朝南，面阔三间，歇山卷棚顶楼阁，两侧各有从楼，是此路建筑的制高点。楼内悬"仙苑停云"匾，悬楹联"鹤发初生千万寿，庭松应长子孙枝"。

"冠云峰""冠云楼""浣云沼"

　　贮云庵院落由南往北依次为庵门、"松竹径"、贮云庵、瑞云峰及石林，显得较为严整。庵门外观质朴，内为亭门，旧称"亦不二亭"。门后至庵前为笔直道路，两旁松竹夹道。东侧以翠竹为主，间以青松；西侧以青松、罗汉松为主，间以矮竹。松竹径尽头为贮云庵，坐北朝南，面阔三间，歇山卷棚顶，内悬楹联"儒者一出一入有大节，老僧不见不闻为上乘"。此庵为旧时园主礼佛之处，庵后是以瑞云峰为中心的石林。

"贮云庵"与"松竹径"

　　此外，五峰仙馆、揖峰轩两路建筑的北部为一片空地，仅在靠近园墙处种植树木，与东北区域高密度的园林建筑风格迥异。其西墙上开月洞门，门额"又一村"，由此步入北部又一村区域。旧时此区为园内种植蔬果处，其东侧曾有建筑以宿宾客，今辟作盆景园。此区域北部有小桃坞，此区域西侧月洞门外为南花房、北花房。

　　小桃坞西南沿着园墙而行，进入西部山林与活泼泼地区域。此山为泥土堆叠的假山，山间散置黄石，故此山郁郁葱葱、土石兼备，富有山林旷野特征。

　　山间有石径盘桓而上，以瓦片、碎石铺砌道路，路旁以黄石护坡。山顶处旧时有三亭，今存"至乐""舒啸"二亭。六角亭"至乐亭"在山北，坐南朝北，单檐庑殿顶，松柏翠竹环绕。山巅原有"西南诸峰林壑尤美亭"，今已不存，亭名取自宋人欧阳修《醉翁亭记》中"其西南诸峰，林壑尤美"。

"又一村"月洞门

"至乐亭"

　　此亭原为全园制高点，旧时向西可俯瞰西园寺，因城市化与树木遮挡已不可见，但该亭旧址处至今可俯瞰云墙以东的寒碧山庄区域。六角亭"舒啸亭"在山南，坐北朝南，圆形攒尖顶，登亭山道以黄石护坡，曲折多变，盘桓悠远。

"舒啸亭"

　　假山南部有一脉溪水自西南流向东北，溪流以黄石护坡，其东北端流入名为"活泼泼地"的水榭。水榭坐北朝南，面阔三间，单檐歇山卷棚顶，榭底桥洞可泊舟。

"活泼泼地"水榭

　　在榭内向西可仰望假山与舒啸亭，向南可眺望蜿蜒溪水、四折石桥与夹岸树石，有郊野水乡的风韵。榭东有沿墙长廊，名"缘溪行"，出自东晋人陶渊明《桃花源记》中"缘溪行，忘路之远近"；廊西的草地名"射圃"，为旧时园主游乐之地，今已栽种树木。

沿墙长廊"缘溪行"、溪流与四折石桥

留园作为吴中名园，在近代以来受到较多关注。中国学者俞樾、童寯、刘敦桢、陈从周等，西方学者喜龙仁、包爱兰等留下大量图文资料，表明现存园貌与其历史风貌有部分差异。据童寯《留园平面图》与郑恩照《苏州留园图》显示，个别建筑已不存，如"绣圃""半夜草堂""欢堂""少风波处便为家""花好月圆人寿轩""心旷神怡之楼"等。再如"曲溪楼"前原有百年枫杨，今为后世补种。"曲溪楼"西北方与紫藤花架合围的水面，曾经为一处由亭、桥、楼、岛等合围的水院。水面的北岸曾经有一处建筑，既是水院的重要组成部分，也是书房"汲古得绠处"的入口。该设计是此园的点睛妙笔，惜失去北侧建筑后，不仅书房的私密性不存，水院妙思亦不得见，实为可惜。"西南诸峰林壑尤美亭"今已不存，使园林失去制高点建筑，由"寒碧山房"前平台西望，池西园景因失去云墙西侧的亭顶而层次单薄，仅以"闻木樨香轩"坐镇池西显得孤掌难鸣。

留园的造园艺术以亭榭、泉石、花木见长，被晚清文人俞樾誉为"吴下名园之冠"。现存留园格局大致为晚清盛家时期奠定，布局呈东密、南曲、西野、中旷、北疏，每一区域既独具特色又过渡自然。东部、南部建筑华美雅致，院落曲折多变。其溪流由西南入园，水体有溪、渠、涧、池的变化。中部黄石假山厚实稳重，虽有清代添加湖石，但尚存明代遗韵；西部土石假山有若郊野土丘，形态更趋自然。又以"瑞云峰"为首的十二峰，为苏州奇石名品。此外，造园的一些巧思，需要视角的变化才能被发现。由池南"古木交柯"北望岛屿"小蓬莱"，"濠濮亭"被紫藤架遮掩，从池北"远翠阁"前南望，才能发现"濠濮亭"与水中石塔。

留园的历史可追溯到明代。留园的首位主人是曾任太仆寺少卿的徐泰时，他在明万历二十一年（1593）于苏州西郊一处旧园址上修建留园，初名东园，作为安度晚年的住所，邀吴县县令袁宏道、长洲县令江盈科任游园，袁氏作《园亭纪略》，江氏作《后乐堂记》。园内假山由造园巧匠周时臣叠砌，模仿普陀山、天台山的峰峦。而徐氏家族在鼎盛时拥有不少著名园林，如拙政园、紫芝园、西园（今西园寺前身，在留园之西，故名）。

此后明清鼎革，此园渐趋荒芜。清乾隆四十四年（1779），"瑞云峰"被搬运到十全街苏州织造署的行宫园林内，园景一时大为失色。嘉庆三年（1798）经退隐官员刘恕重修后，寒碧庄落成。园内"竹色清寒、水光碧澄"，多植白皮松，又因追慕当地先贤韩菼家族的"寒碧轩"，园林得名寒碧庄。刘恕治园19年期间，收集了12座奇石立峰置于园内，命名：玉女、一云、印月、青芝、鸡冠、奎宿、猕猴、仙掌、累黍、拂袖、箬帽、干霄，还请潘奕隽等作诗、王学浩作画纪念。

咸丰十年（1860），太平军与清军激战于苏州。西郊上塘河一带的园林均遭战火，唯有刘园侥幸留存，只因无人打理而荒芜，民间以谐音改称留园。同治以后几易其主。

1929年，留园归公后对外开放，园内养孔雀、鹤、猴等动物。抗日战争时期留园成为日军马厩，园景颓败。1953年留园重修并开放，囿于当时留园史料缺乏，重修后留园与盛氏时期有个别不同。1961年留园成为首批全国重点文物保护单位，1997年成为世界文化遗产。

# （10）狮子林

拙政园老园门往南，为横跨东北街河的园林路。再往南约200米处，可见一堵密不透风的高墙，迥异于周边较为低矮的民居建筑，正是著名的苏州古典园林狮子林。狮子林是选址"城市地"的私家园林，在创建时曾是寺庙园林。

狮子林东部为建筑区，西部为园林区。建筑区由东、西两路建筑群组成。东路建筑群为祠堂建筑，由南往北依次为照壁、门厅、祠堂，其后部院落现归苏州民俗博物馆。西路建筑群为一组厅堂建筑，由南往北依次为"燕誉堂""小方厅"两座院落。

狮子林的入口处外景，是由"照壁"、"门厅"围成的院落空间。其中门厅坐北朝南，面阔三间，硬山顶。

"照壁"

"门厅"

门对面的照壁坐南朝北，粉墙黛瓦。东、西壁开拱形门，院落内对植银杏等。由门厅而入为贝家祠堂，是最后一任园主贝润生所建，祠堂坐北朝南，面阔三间，硬山顶。祠堂内悬"云林遗韵"，悬"似黄道流星，散落百座；忆云林作稿，点活五龙"，标明狮子林园林与元代士人的关系。

祠堂往西有狭长夹巷，夹巷西墙上开月洞门，门东楷书"入胜"，门西楷书"通幽"，门内是以"燕誉堂"为中心的西路建筑群。"燕誉堂"坐北朝南，面阔三间，硬山顶。

"燕誉堂"

堂前湖石涩浪，与南墙下"湖石花台"相呼应。花台内生长牡丹、麦冬等，矗立石笋、湖石立峰，两侧对植白玉兰。燕誉堂后部悬隶书匾额"绿玉青瑶之馆"。之后的小院落内对植樱花，院西壁为云墙，墙脚处有湖石花台、翠竹疏列；墙顶借景旱假山与卧云堂。

燕誉堂前的"湖石花台"

　　燕誉堂往后为"小方厅"，坐北朝南，形似攒尖顶方亭，两侧有游廊相连。内设粉壁，上开彩色玻璃窗，窗两侧悬楹联"狮子窟中岚翠合，细林仙馆鹤书频"。厅后为小庭院，院西侧为"对照亭"，院北为"九狮峰"。

"小方厅"

对照亭又名"打盹亭"，为坐西朝东的方亭。九狮峰由湖石叠砌，模拟立狮、叠狮形态，九狮峰的叠石传统因为有吉祥寓意在清代江南地区较为常见，如扬州小盘谷"九狮峰"、无锡寄畅园"九狮台"、杭州文澜阁"九狮石"。峰后的粉墙上开四个花窗，有棋、琴、书、画的图案，峰侧有罗汉松一株。

"对照亭"

"九狮峰"

九狮峰往西的园墙上开海棠门，门东隶书"涉趣"，门西隶书"探幽"。门以西为西部园林区。此外，九狮峰东侧有一条直抵指柏轩后部的南北向廊道，廊道朝西的粉墙上开有花窗，游人透过花窗，可移步换景地窥见园景的变化，而廊道本身较窄与转折的缘故，在视觉上显得距离较远，使游人产生要尽快走完廊道进入园林的冲动。

　　西部园林区由东侧旱假山区与西侧池岛区构成，总体地势为东、南、西三面合围的谷地。东侧旱假山区由南往北依次为"立雪堂""旱假山""卧云堂""五狮峰""方池""指柏轩"，其中立雪堂、卧云堂、五狮峰之名始于元代狮子林寺庙园林初创时的名称。

　　立雪堂坐东朝西，面阔三间，单檐歇山卷棚顶。堂位于封闭院落内，院南、西方向为粉墙，墙下以湖石叠砌筑做狮子状，似猫类虎，呆萌可爱。

"立雪堂"

"立雪堂"院落中狮子状叠石

院北游廊处设湖石台阶与石台，石台旧时曾摆放盆景。立雪堂往北为旱假山，由湖石叠砌。旱假山中部为凹陷谷地，建有二层楼阁卧云堂。往后为五狮峰，因形似五狮而得名，石缝间生长古柏。峰北为一方池，上有拱桥横跨池面，可至北侧的指柏轩。轩二层，坐北朝南，面阔三间，重檐歇山卷棚顶。内悬楹联"看十二处奇峰依旧，遍寻云虹月雪溪山，最爱轩前千岁柏；喜七百年名迹重新，好展朱赵倪徐图画，并赓元季八家诗"。

西侧池岛区由水池、岛屿与沿岸建筑园景组成，水池平面接近南北略长的方形。岛屿（大水假山）位于水面南部，平面接近东西略长的方形，与水池相比显得体量庞大。

池东岸自北往南为"见山楼"与旱假山西麓，东岸与岛屿之间的水系呈暗河、溪流状，在林木的掩映下幽深静谧。

方池、"旱假山"、"五狮峰"与"卧云堂"屋顶

池东山水与"见山楼"

见山楼位于旱假山上，坐西朝东，面阔三间，歇山卷棚顶。其西窗可俯瞰池山全景。

池南岸自东往西为御碑亭、游廊、文天祥碑亭与扇亭，南岸与岛屿之间的水系呈深潭、峡谷状，两岸间落差较大、对比强烈。其东南角为深潭，与"潭东游廊"、潭南御碑亭、"潭西石桥"、潭北岛屿上的"修竹阁"共同构成幽静水院。潭东游廊以黄石、湖石为基，多有孔穴。粉壁作墙，上开透窗，形似廊桥。潭南为御碑亭，潭西石桥以黄石砌筑。潭北岛屿上有修竹阁，临水的贴壁假山上有文天祥碑亭，下临濒水径路。东南角的扇亭，其平面若扇，亭后石峰花木，幽雅宜人。

池南山水

水院"潭东游廊"与潭南游廊

水院潭北"修竹阁"与"潭西石桥"

　　池西岸自南往北为"双香仙馆""问梅阁""飞瀑亭",在树木掩映下,上述建筑所在的假山郁郁葱葱。西岸与岛屿之间的水面呈水湾、深潭状,水面渐趋开阔。

池西山水

双香仙馆位于湖石峡谷之上，坐西朝东，单檐歇山卷棚顶方亭。亭内可望梅树、荷池，因两花芬芳故名双香。往北由游廊连接问梅阁，坐西朝东，为二层歇山顶楼阁。

"双香仙馆"

"问梅阁"

阁内嵌梅花形彩色玻璃窗，阁外种植红白梅花，花开时节两相呼应。往北为飞瀑亭，坐西朝东，为卷棚歇山顶方亭。亭边一道三叠泉流下，运用近代抽水设备汲水成瀑。

"飞瀑亭"与瀑布

池北岸自西往东为"暗香疏影楼""石舫""真趣亭""小水假山"与"荷花厅"，北岸与岛屿之间的水面呈大池状，水面较为开阔。

水上有九折石桥，桥中部为湖心亭。暗香疏影楼坐北朝南，楼南为石舫，又名"不系舟"，为中西合璧风格，以水泥船身搭配彩色玻璃窗户。真趣亭位于高台上，坐北朝南，单檐歇山卷棚顶，涂饰金漆，亭名为乾隆帝题写。真趣亭东北侧庭院名"古五松园"，庭内为湖石立峰。

池北"暗香疏影楼""石舫""真趣亭"

　　真趣亭东南侧为小水假山,由湖石叠砌、生长枫树,可连接湖心亭。假山往东的荷花厅坐北朝南,面阔三间,硬山顶。厅前平台濒水,饰西洋风格护栏。

"小水假山"

"荷花厅"

荷花厅隔水相望，为岛屿上的"大水假山"。岛西南部为条石护岸、装有石栏的平台，台上设紫藤花架；岛的其他部分为大水假山主体。大水假山由湖石砌筑，形若百头立狮峥嵘耸立。假山间石峰、洞穴、山径、小桥密布，百转千回，有如迷宫。岛屿以亭桥修竹阁及石桥"接驾桥"与池岸相连。接驾桥是明代石拱桥，坡度舒缓，形态古朴。

"大水假山"

大水假山与"接驾桥"

　　现存狮子林园貌大致成形于近代贝氏宗祠时期，故具有"西风东渐"的时代特色。狮子林在选址上属"城市地"园林，四周被城市街巷包围。始建时是寺庙园林，后成为私家园林，至今园景与建筑名称中带有禅宗特色，如指柏轩、问梅阁、立雪堂等，对应相关禅宗公案。

　　园林主景池山的地形，宛若四周高耸、中间低洼的盆地。其假山峥嵘、曲折盘旋，奇峰若狮、千姿百态，又有9条石径、21个洞口与25座桥梁，游人穿行其间如在迷宫。清代文人沈复及后世的不少学者对此提出批评，认为类似煤渣乱堆、不类真山、趣味世俗。狮子林假山的山体脉络并不明确，究其原因，并非简单地模仿常见真山，其细节有模仿天然石林的痕迹。同时又融入禅宗之义理，是主观性较明显的"仿创风格"。

197

狮子林水面呈东溪、南潭、西峡、北池的格局，池岛形状较规矩，且东部水面较小，以致不似池岛，为不少学者诟病。甚至从池西、池北眺望，很难辨识出这是一处池岛。但从狮子林现状反推其造园意图，其南潭处由游廊、过溪亭、黄石拱桥构成的水院不落俗套，东溪蜿蜒并下穿大水假山构成地下暗河直达"荷花厅"前水面，表现得藏露有序、别具巧思。而苏州大多数园林的池岛形态较为明确，不似狮子林水院、暗河的巧思，牺牲了明确的池岛形态，处理方法见仁见智。

狮子林的历史可追溯到元代，其园址原为宋代富贵人家的园林旧址，残留竹林与湖石等遗物。狮子林是天如禅师的道场，由禅师的弟子们集资修建。天如禅师曾在杭州临安天目山狮子岩师从中峰明本禅师，两人皆为临济宗高僧，在元代具有一定的社会声望。园内石峰多形似狮子，受其师所居天目山狮子岩与形容佛法的用词"狮子吼"启发，故名狮子林。园初建时以石假山、竹林、柏树、梅花等著称，由石假山与竹木占据园林面积的大半，园景有"卧龙梅""问梅阁""狮子峰""含晖峰""吐月峰""立玉峰""昂霄峰""腾蛟柏""指柏轩""玉鉴池""冰壶井""小飞虹""卧云堂""立雪堂""禅窝"等。此园在文人圈中有较高声誉，如元末明初文人倪瓒、高启、王彝、徐贲、姚广孝等曾游此园，并有诗文、绘画传世。学者孟平据相关文献与图像，绘制出元明之交狮子林平面设想图。据艺术史学者高居翰等在著作《不朽的林泉》的考证，狮子林现状与元代原貌相差巨大。元代时狮子林假山周围没有水池，而是一片竹林，假山间有溪流斜穿，现存旱假山即为元代遗留。

据传倪瓒《狮子林图》显示，元代狮子林东部为寺院建筑与前导区。西部为狮子林假山区域，为狮子林假山主体与狮子峰等诸峰，山间有一处供奉七佛的建筑"禅窝"。明嘉靖年间此园被强夺为私园，万历十七年（1589）长洲知县江盈科重修寺园并易名"狮子林圣恩寺"。

清康熙时归张文萃、张士俊父子，寺、园分离。乾隆初改称涉园又名五松园，由退休官员黄兴仁、状元黄轩父子拥有并修缮、扩建。乾隆帝热衷园林、雅好林泉，出于对（传）倪瓒绘《狮子林图》的喜爱，不仅三次临摹、十题诗句，还在六下江南时，每次到狮子林游玩还三题匾额，赐寺名"画禅寺"，还有匾额"镜智圆照""真趣"，并在北京圆明园、承德避暑山庄内仿建。咸丰年间此园受兵火摧残，到光绪时园林颓败，黄家变卖园内树石。

民国初年黄氏家族转售李钟钰，后于1917年被贝仁元购得。贝仁元（1870—1947），字润生，苏州人，为大建筑设计师贝聿铭的远房堂叔祖。贝仁元在黄氏涉园与园东民宅的基础上修缮并扩建，至1926年完工，此后狮子林就成为贝氏家族的祠堂、族学。1953年狮子林由贝氏族人捐献给国家，1954年重修并开放。2000年成为世界文化遗产，2006年成为首批全国重点文物保护单位。

# （11）沧浪亭

三元坊地处苏州古城南部，旧时的府文庙、府学坐落于此，是城内少有的文雅静谧之地。在三元坊"沧浪胜迹"石牌坊处往西隔葑溪相望，绿影绰约间、亭廊掩映处，便是苏州著名古典园林沧浪亭。园林初建时为私家园林，历经功能更替依次成为公共性较强的寺庙园林与祠堂园林。遗留了部分私家园林与寺庙园林的印记，具有明显的公共园林性质。虽属"城市地"园林，却因旧时地处地广人稀的古城南部，而得"郊野地"园林之韵味。园林平面整体呈"南北—东西"走向的曲尺形，面积10800平方米。园林整体由北部沿水廊屋区域、中部山林亭台区域、南部庭院建筑区域构成。

北部沿水廊屋区域北临葑溪，游人从沧浪亭前路上南望，自东往西依次是"观鱼处""濒水游廊""面水轩""园门""藕花水榭"与"锄月轩"，一排建筑高低起伏，临水处黄石护坡，屋顶上绿叶成阴。迥异于一般的苏州园林，游园者虽未入园却已觉园意。

沧浪亭外景

　　观鱼处坐南朝北，为临水方亭，攒尖顶，红柱灰瓦。其构造与水榭有相似之处，其底部为石桥，其上为石砌平台，台上设矮栏。亭柱悬"共知心似水，安见我非鱼"，内悬匾额"静韵"，亭内木屏上刻蒋吟秋隶书《苏舜钦沧浪亭记》，悬楹联"亭临流水地斯趣，室有幽兰人亦清"。

　　观鱼处往西的濒水游廊，整体呈弯曲状，细节处有起伏蜿蜒。游廊濒水一侧，有黄石叠砌假山，或为石峰，或为石门。山间生长梧桐、青枫、榉树、槐树、梅花等花木，石上攀爬薜荔，显得古朴又富生趣。由沧浪亭前路对望，在假山、花木遮挡之下，游廊时隐时现。

　　游廊西连面水轩，轩坐北朝南，面阔三间，单檐歇山顶。内悬牌匾篆书"陆舟水屋"，轩南柱上悬洪钧撰联"徙倚水云乡，拜长史新祠，犹为羁臣留胜迹；品评风月价，吟庐陵旧什，恍闻孺子发清歌"。还有张之万撰联"短艇得鱼撑月去，小轩临水为花开"。轩前南侧正对中部大假山，轩前两侧对植梧桐；轩北、轩东两面临水，并设美人靠以供休憩、远眺。

200

方亭"观鱼处"

"濒水游廊"与"面水轩"

面水轩往西有一段短游廊，以此连接园门。园门与门厅一体，门厅坐南朝北，面阔三间，硬山顶。门前对植朴树，一道曲折"石桥"连接池岸与园门。

沧浪亭"园门"与"石桥"

园门往西是藕花水榭，坐南朝北，面阔三间，硬山顶。悬楹联"散华梦醒论诗客，烧叶人吟读易窗"。藕花水榭临水处以黄石护坡，石间生长梧桐。

藕花水榭以西为锄月轩，属苏州民居风格，自此与紧邻的苏州水乡民居自然衔接。轩南有一院落，院中有一花台，花台内植蜡梅、翠竹、麦冬等。院落南部有旱地船厅，为低矮的卷棚顶建筑。园外水面自东往西逐渐收窄，由观鱼处的宽阔池面开始，至面水轩急剧收缩，到藕花水榭前的长形河道结束。近岸处生长芦苇，水中漂浮荷花、睡莲、浮萍等，有郊外水道的韵味。

"藕花水榭"临水处

　　园门正对中部假山，由此步入中部山林亭台区域。该区域以中部假山与山间的"沧浪亭"为主景，廊、亭、堂、馆等园林建筑多沿中部假山环绕分布。假山为东西走向，山体多以黄石护坡，山顶多分布湖石立峰。山间苍翠欲滴，多长箬竹、樟树等。

园门内大假山

　　"沧浪亭"位于假山东麓，为石柱方亭。悬楹联"清风明月本无价，近水远山皆有情"。山东侧自南往北依次为游廊、"闲吟亭"（御碑亭）。

"沧浪亭"

    游廊由"闻妙香室"引出，连接半亭闲吟亭，继续前行可抵观鱼处。闲吟亭内置乾隆书《江南潮灾叹》御碑，悬楹联"千朵红莲三尺水，一湾明月半亭风"。

    山南侧自东往西依次为闻妙香室、"明道堂"、清香馆、游廊与"步碕亭"。闻妙香室坐南朝北，面阔三间，硬山顶。其北侧缓丘种植梅花，其南侧小院落种植梅花、芭蕉，其西侧有一厢房，单檐歇山顶。厢房北侧有封闭小院，庭内花木扶疏。悬楹联"自翦露痕折尽武昌柳，恰似明月只寄陇头梅"。

    明道堂坐北朝南，面阔五间，单檐歇山卷棚顶。悬楹联"会意不在多，数幅晴光摩诘画；知心能有几，百篇野趣少陵诗"与"非关貌取前人，有德有言，千载风徽追石室；但觉神传阿堵，亦模亦范，四时俎豆式金闾"。旧时堂南隔庭院与戏台相对，现戏台旧址为瑶华境界，坐南朝北，面阔三间，单檐歇山卷棚顶。

"闻妙香室"西侧厢房

御碑亭"闲吟亭"

"明道堂"

　　明道堂往西为清香馆，坐北朝南，面阔五间，硬山卷棚顶。悬楹联"月中有客曾分种，世上无花敢斗香"。馆前是由游廊合围的半月形小院，院内生长着桂花、梅花等。西行由爬山廊直抵"步碕亭"。步碕亭为高台上的半亭，单檐歇山顶，南侧、假山东北方向有小潭，四周高起、中心凹陷，以黄石护坡、生长薜荔，岸边生长紫薇、朴树、天竺等，神似山谷幽潭，野趣盎然。

　　山西侧自北往南依次为游廊、御碑亭。游廊高低曲折，连接半亭"御碑亭"，置康熙帝御制诗碑。廊壁开葫芦门，门往东有一处"狭长院落"。院内有一条小径，两侧为黄石叠砌的贴壁假山夹道，意仿山中幽谷。山顶与园墙上攀爬凌霄花、常青藤等，空中青松盘桓，墙角生长翠竹、杜鹃，山脚石缝中生长麦冬。

206

"步碕亭"与幽潭

游廊与"御碑亭"

"狭长院落"内树石小景

　　山北侧自东往西依次为游廊、面水轩、园门，此为沿水廊屋背面，其复廊与山巅沧浪亭构成了园内山林意象。

　　南部庭院建筑区域，由东往西由三道南北轴线上的建筑组成，依次以瑶华境界、"看山楼"、"五百名贤祠"为中心。

　　瑶华境界轴线由南往北为瑶华境界、明道堂，周围种植竹林。看山楼轴线由南往北为看山楼与小庭院。看山楼共三层，底层名"印心石屋"，二、三层形似旱舫，前为方亭，后为楼阁，皆歇山卷棚顶，为园南部制高点。印心石屋旁有黄石假山，上嵌林则徐书"圆灵证盟"四字。

"看山楼"

"印心石屋"旁林则徐书"圆灵证盟"

五百名贤祠轴线由南往北为翠玲珑、五百名贤祠。翠玲珑由三间由廊道曲折串联的小轩构成。其周围种植翠竹，得《沧浪亭怀贯之》中"秋色入林红黯淡，月光穿行翠玲珑"诗意。五百名贤祠坐南朝北，面阔五间，硬山顶。悬楹联"千百年名士同堂，俎豆馨香，因果不从罗汉证；廿四史先贤合传，文章事业，英灵端自攘王开"。祠南空地东侧为仰止亭，内置文徵明石刻像，悬楹联"未知明年在何处，不可以一日无此君"。西侧为月洞门，门东、门西嵌篆书砖雕"周规""折矩"门额，附近粉壁上有四季花窗。

沧浪亭有较多的文字与图像记录，它的历史沿革较为清晰。沧浪亭"沧浪胜迹"石牌坊原在园门前石桥南岸，现迁建于葑溪西岸沧浪亭前路人民路道口。看山楼二层原本视野较为开阔，现因城市化而不见远山。旧时明道堂隔庭院与戏台相对，现戏台旧址为瑶华境界。

"五百名贤祠"

沧浪亭在历史上与北面对门的可园前身共为一处园林，后因园林分割而逐渐演变成两处园林。园内主景由原先封闭状态变成半开放状态，因此成为苏州园林中的特例。放眼江南，相似的例子还有上海豫园的

"湖心亭"。沧浪亭初建时面积虽不详，仅以现存沧浪亭、可园两园相加而言，其面积也相当可观。

其北部的水面既是园林的边界，也是园景的有机构成，是由历史上的偶然因素造成的。古人很早就发现其地势特征，描述为"草树郁然，崇阜广水"，即高台宽池、草木繁茂构成视觉上的美感。北部沿水廊屋地基较高，池面宽阔，沿岸草木杳然。"藕花水榭"的构思不落窠臼，榭北临溪水，其南侧的"船厅"设在院内旱地上，引水意入园。此外，"步碕亭"下的幽潭引"水意"入山林内部，为点睛之笔。中部假山山体浑厚、山顶石峰林立、东麓石洞蜿蜒，相对朴实的风格获得"真山林"美誉。

沧浪亭南部建筑庭院与中部山林亭台之间，以游廊、园墙为界。游廊还作为纽带，串联起大部分园景；同时以中部环形游廊，分隔出三部分。南部建筑庭院采用建筑物朝向的不同，营造出建筑不同的美感。如"清香馆""闻妙香室"前门正对中部山林，"明道堂"背对"沧浪亭"，以假山亭林为借景。

沧浪亭作为苏州古城内初建时间最早并传承有序的园林，其风格已非宋代园林，目前为晚清风格。园林在历史上屡次被毁又多次重建，因历代文人雅士对苏舜钦的尊崇，在重建时依然保持着较高的审美水平，成为苏州传统文脉延绵不绝的例证。

五代末期，吴越王钱俶妻弟孙承佑在苏州城南葑溪上建私人别墅，初为私家园林。北宋庆历四年（1044），诗人苏舜钦因"进奏院案"被削职为民。次年客居苏州，在城南的府学东邻发现"草树郁然，崇阜广水"的孙承佑别墅废址，花四万钱购买下来修建园林，因在水边的北碕设"沧浪亭"而得园名。沧浪亭取《楚辞·渔夫》中"沧浪之水清兮，可以濯吾缨；沧浪之水浊兮，可以濯吾足"而得名，此园建成后成为文人诗文唱和的对象。苏舜钦在建园三年后逝世，几经园主更迭后，园在两宋之交被龚明之家族与章惇家族拥有。章惇家族对沧浪亭进行过扩建与修复，《吴郡志》卷14记载此时"沧浪亭"北跨水有"洞山"，章惇又叠一山，呈"两山相对"状，是当时园内奇景。南宋初，金兵南下毁坏"沧浪亭"，章氏族人重修并聚会纪念此事。不久，此园被韩蕲王韩世忠所得，更名为韩园。并在池畔扩建"清香馆""瑶华境界""翠玲珑""濯缨亭"等，建筑密度明显增大。元明时期，"沧浪亭"成为寺庙园林，先是元僧释宗庆建妙隐庵、释善庆建大云庵，明初宝昙和尚将两庵合并称南禅集云寺。"吴门画派"创始人沈周记录此时园景中有明初建双石塔，竹木幽深与村落中的景色相似，由于安静自然适合读书修禅。到嘉靖年间沧浪亭已然荒废，南禅寺僧文瑛和尚追慕先贤，于嘉靖二十五年（1546）重建沧浪亭，还请著名文学家归有光作《沧浪亭记》。

至清初沧浪亭颓败不堪，时任江苏巡抚宋荦于康熙三十四年（1695）至三十五年（1696）重建此园，又"买僧田五十亩有奇"作园林维护之用。其间更改园林布局，不仅新增苏公祠、观鱼处、自胜轩等建筑，甚至将沧浪亭迁到假山之上，还在园北葑溪上建石桥新增入口。重建完成后"正统派"画家王原祁作《沧浪亭诗画卷》、王翚作《沧浪亭图》，画中园林的山水布局与今日相似。此后至道光年间，沧浪亭屡有增筑。康熙五十八年（1719），江苏巡抚吴存礼建御碑亭置康熙帝御制诗碑。乾隆四十五年（1780），文学家沈复与陈芸在沧浪亭畔的爱莲居成婚，在《浮生六记》中记录夫妻在沧浪亭的园林生活。乾隆十三年（1748）建闲吟亭置乾隆书《江南潮灾叹》碑。道光四年（1824），林则徐居园内，因感怀园内花农爱情悲剧，书"园林证盟"。道光七年（1827），江苏巡抚陶澍、布政使梁章钜重修此园，增建五百名贤祠与梁高士祠等。道光十五年（1835）陶澍得道光帝书"印心石屋"四字，刻于园内"看山楼"底层。

咸丰十年（1860）沧浪亭毁于兵火，同治十一年（1872）至十二年，方伯恩、应宝时、张树声对沧浪亭进行重修，此后又有增建、改建。而同治十二年（1873）江苏巡抚张树声的重修，奠定了现存沧浪亭的大致格局，其中几乎环绕全园的游廊，成为园内的一大特色。1922年，在沧浪亭成立以颜文樑为校长的苏州美术专科学校。1928年9月竣工完成东侧古希腊神庙风格的苏州美术馆，惜与周边环境不匹配。抗日战争时期此园被日军占用，后重修恢复。1949年被苏州市文教局接管，1953年后屡次修缮，形成此园现状。1982年、2000年、2006年，沧浪亭依次被列入江苏省文物保护单位、《世界遗产名录》、全国重点文物保护单位。

# （12）燕园

常熟历史上园林众多，与苏州园林在风格上有相近之处，却因常熟古城依山傍水而别具特色。常熟现存古典园林中，较具有代表性、格局比较完好、营建时间较久远、面积较大的私家园林是燕园，又称燕谷园、蒋园。园名出自《诗经·小雅·北山》中"或燕燕居息"，"燕燕"通"宴宴"，是安闲息居的意思，表明园主闲归林泉的心境。

此园地处常熟古城中北部的辛峰巷18号，东连炳灵公殿与亦爱庐，南朝辛峰巷，西邻蒋洞旧宅，北近五弦河（今余半段）。燕园平面为南北略长的长方形，园景主要分布于园林东南部与中部。

由辛峰巷而入，粉墙上燕园大门以石为框，与普通常熟民居并无二致。入内为面阔三间的门厅，其朝北一面为雕花木窗，窗后翠竹成簇，将主园景屏蔽。东行经游廊，经"宝瓶门"步入园林东南部。门后南侧是"童初仙馆"，北侧是"黄石假山"。

继续东行，经跨水石板桥北折，到廊桥"绿转廊"处可见假山全貌。假山为黄石、湖石驳杂叠

"宝瓶门"内"童初仙馆"与"黄石假山"

砌，山间疏植白皮松、罗汉松，下临碧水；山石嶙峋，形似群猴，模仿猴子的卧、立、坐、蹦、跳、聚、散等动态，故有"七十二石猴"之称。

"绿转廊"与"七十二石猴"假山

　　绿转廊往北，可到东侧的"梦青莲花庵"。梦青莲花庵坐东朝西，面阔三间，是硬山顶的二层楼阁。梦青莲花庵西北方是"三婵娟室"，此室以门前三座似美人的石峰而得名。三婵娟室坐北朝南，面阔五间，单檐歇山卷棚顶，四周回廊，与七十二石猴假山隔池相望。

　　三婵娟室往北为大型的合围院落，主园景坐落院内。院落东、南、西三面为游廊，游廊周围的绿地上种植石榴、紫薇、翠竹、麦冬、桂树、广玉兰、辛夷等植物。其西廊有名为伫秋籁的轩亭，坐西朝东，面阔三间，单檐歇山卷棚顶。

"三婵娟室"与东侧"梦青莲花庵"

　　其东廊是名为"诗境"的曲折爬山廊，廊顶连接六角形亭子"赏诗阁"。阁内悬亭名匾，两侧悬楹联"对山如读画，选石待题诗"。此阁坐东朝西，阁内透过窗户可望见"燕谷"假山、常熟古城内鳞次栉比的屋顶与虞山东麓的翠岚。

　　院落中间"燕谷"假山横亘，此山高不足5米，占地面积近1亩。假山中部有石谷通道，连接南部的三婵娟室与北部的五芝堂。石谷将假山分为东山、西山，两山各有石洞与山道可登临，两山间有"石梁"飞渡。东山有燕谷假山最高峰引胜岩，模仿虞山名胜"剑门"，峰顶可西望虞山顶峰"辛峰"。在山上向下俯瞰，洞深谷幽，乔木秀逸，池水接崖，假山的山形与虞山的山形相应和。燕谷假山仿虞山使用虞山产黄石，故形神兼备，以大石为框架，小石点缀补充；叠砌黄石的肌理、色泽衔接自然。

"赏诗阁"

"燕谷"假山全景

"燕谷"假山石梁

西望虞山"辛峰"

假山西南有黄石驳岸涧水一处，蜿蜒流入洞内。经洞口处所设石蹬步可探幽寻奇。岩石下暗河中有井口一圈，为池中提供活水。洞内为石室，陈设石桌凳以供休憩，山顶孔穴自然透光。此洞往北经一段台阶，出刻有隶书"燕谷"的洞口，可达"五芝堂"。山间有五针松一株，高不过丈，虬曲翠盖，年逾百岁，为邑人园主、藏书家、清末长崎领事张鸿回国时栽种。除松树外，山间种植杜鹃、天竺、麦冬、白皮松、梧桐等，草木错落有致、高低分明。山南有花圃，其内磐石孤置、牡丹连片。山东北有水池一方，宽广不盈丈。池北有旱舫"天际归舟"，寓意园主南归虞山故里。天际归舟头朝南面的假山，分前、中、后三舱，舱门悬楹联云："小舫烟波宅闲身陆地仙，旧梦寻沧海扁舟载白云。"假山以北为五芝堂，坐北朝南，面阔三间，硬山顶。

燕园与原貌有差别，其主体部分保存较多，唯黄石假山东部曾损坏严重，为近年修缮恢复。园内建筑如冬荣老屋、竹里行橱、一瓻（chī）阁、十愿楼、天际归舟、赏诗阁等，为1998年以后陆续重建。

"燕谷"假山岩洞

旱舫"天际归舟"

岩洞北望"五芝堂"

　　燕园为典型的"城市地"园林，面积虽小却构思独特。燕园之特色，在于其假山营造与借景手法的运用。此园是常州籍造园巨匠戈裕良成熟期的佳作，是在旧园基础上增改的。园内有两座假山，一座湖石、黄石混搭假山，另一座黄石假山。

　　"七十二石猴"假山由湖石与黄石混搭叠砌，石材虽不一样却在风格上协调而统一，得益于造园者的精心设计。由门厅视角看此假山，尚为浑厚的黄石假山，风格与中部"燕谷"假山相似。当到"绿转廊"时，假山变成以湖石为主、偶有黄石，其山体在移步换景中，由质朴厚实变为玲珑多变，以山石模仿猴子的动态，惟妙惟肖。而"燕谷"假山以黄石叠造，模仿当地虞山景色而建，较为规整，以大石为脉络，用小石拼合而成。此前的假山叠砌多用"平衡等分法"，将石梁架设于两侧的湖石上，类似平桥的架设法，再以小块湖石点缀包裹山体。这样营造的石洞虽也有佳作出现，但由于石梁底部无法挂石，洞内细节总显得粗糙。而戈氏始独创"钩带法"，"将大小石钩带联络，如造环桥法"。与建石拱桥所用的发券原理相同，可达到类似真洞壑的艺术效果。与一般苏州地区园林所用的湖石石材不同，戈裕良的这座假山就地取材，不仅以虞山为设计蓝本，还使用了虞山所产的石材。

另外，燕园因常熟古城特殊的城山关系，能借景虞山。虞山本为东西向山体，"燕谷"假山模仿并撷取其精华景物，假山顶部又能眺望虞山东麓，使之产生呼应。

燕园建园时间虽晚，但园址所在地及附近在历史上多有园林，如宋元时有花圃，明代时有半野园。清代乾隆年间，官至福建台澎观察使兼学政的蒋元枢（1739—1781）归乡后购买下旧园并加以修造，称为"蒋园"。蒋元枢为官员、花鸟画家、"南沙派"代表人物蒋廷锡（1669—1732）之孙，在乾隆四十年（1775）至四十三年任台湾知府，任期结束后渡海遇险，后又获救。为纪念这一事件，蒋元枢在园内修建"梦青莲花庵"，在一楼供奉海神天妃"妈祖"。蒋元枢身后，其子蒋继煃好赌，以池园为注输与他人。

道光初年，燕园被蒋元枢族侄蒋因培（1768—1838）购得，更名"燕园"。蒋因培在旧园基础上改建、扩建，遂有引胜岩、春明池、过云桥等"燕园十六景"，与今貌近似。造园期间蒋因培请造园大师戈裕良建造"燕谷"假山，并整理其他园景，使之成为一代名园。蒋因培请画家钱松壶为之作画留念，同时蒋氏写诗《钱松壶为余作燕园图十六帧，书此奉酬》应和。蒋因培去世后，潘守训、归令瑜相继成为园主，将竹篱园墙改成木栅园墙，园景日益封闭。光绪二十八年（1902），蒋元枢玄孙蒋鸿逵（1864—1918）归乡购回燕园，于园中种兰养鹤、诗酒快意。光绪末年，外务部的张鸿夫妇购得燕园，在园内设孤儿院、植桑养蚕、教授刺绣等，张鸿在园内完成小说《续孽海花》。

20世纪30年代，童寯考察燕园，并写入著作《江南园林志》。50年代，陈从周考察常熟的古建筑与园林，之后于《园林》杂志发表文章《常熟园林》，他评价燕园："虽曲折幽深略逊苏州环秀山庄，但能独辟蹊径，因地制宜，仿佛作画布局新意层出。"新中国成立后的燕园由多家单位占用，园景多数保留。20世纪80年代后，迁出园内单位，恢复园景，使"十六景"合璧。

八

湖州园林

# 概说

湖州古名菰城、乌程、吴兴等，因毗邻太湖而得名。湖州位于浙江省北部，西靠天目山脉，东为杭嘉湖平原，北濒太湖，境内山林、水泽相间。东、西苕溪汇于湖州老城，旧时老城如浮在水面上一样，故有"水晶宫"的美誉。

湖州园林的历史，可追溯至西汉末年担任过谏议大夫的钱林。他隐居于平望乡陂门里（今长兴县水口乡）梓山东，宅园背山面水，有"疏桐映井，密竹环池"，栽种松、桂、兰等芳香植物，并以"幽远蒙密"著称。东晋时期，著名画家、雕塑家戴逵游历吴兴，在郡后堂（今爱山广场）以原有古墓为依托，修建成山池园林。

唐代大历年间，大书法家颜真卿在湖州担任刺史期间，将州城东南二百步的荒泽白蘋洲（今白苹洲）引水剪径，修八角亭，初步形成园林风貌。到开成年间，刺史杨汉公在白蘋洲疏浚二塘四渠，兴修三园五亭，集"卉木荷竹，舟桥廊室"于一体，成为湖州著名的公共园林。此外，在湖州城内外的苕溪水系上也分布着别业园林，如"茶圣"陆羽的青塘别业及许氏溪亭、韦长史山居。

宋代，湖州园林达到巅峰，被园林学家童寯先生赞誉"宋时江南园林，萃于吴兴"。北宋庆历六年（1046），苏轼、张维等在湖州城内南园聚会，被誉为"南园六老会"。张先为纪念父亲张维，以张维的十首诗作依意绘成《十咏图》，记录下吴兴园林的历史风貌。

南宋时期湖州园林的兴盛，得益于湖州社会经济的空前繁荣。当时民谚"苏湖熟，天下足"，夸赞湖州的富庶。童寯在《江南园林志》里说："南宋以来，园林之盛，首推四州，即湖、杭、苏、扬也。"元初湖州文人周密的著作《癸辛杂识》里有"吴兴园圃"一文，后人将其更名为《吴兴园林记》，记载城郊名胜3处，私家园林33处，代表园林有南沈尚书园、北沈尚书园、赵氏菊坡园、赵氏绣谷园、赵氏小隐园、赵氏园、王氏园、倪氏园、韩氏园、钱氏园、丁氏西园、叶氏石林等。

湖州除了经济繁荣、山水清丽,还盛产园林用石。成书于南宋绍兴三年(1133)的《云林石谱》中记载了两种原产于湖州的园林石:卞山石(通弁山)与武康石。宋室南渡后,南宋政府将南迁民众安置在都城临安(今杭州)附近的州县,毗邻的湖州更是安置了不少宗室子弟与官员眷属。这些具备较高文化素养的皇族与官宦,成为园林营造的主力。

今天周密文中的南宋园林几乎无存,但宋人李结的《西塞渔社图》留下了南宋时期文人理想中的园林面貌。西塞山的风光被唐代诗人张志和的词作《渔歌子》所吟咏。在张志和隐居的西塞故址上,李结营造的名为"渔社"的别业,是他晚年的居所和会友的诗社。

到元代,此地出现了一支显赫的文化大家族——湖州赵氏。这个家族以宋朝皇室后裔、书画大师赵孟頫为中心,其妻管道昇,子赵雍,孙赵麟,外孙王蒙皆擅长文艺。赵孟頫身边有个书画交游圈,朋友有高克恭、康里巎巎、钱选、李衎等各民族艺术家,黄公望、柯九思、朱德润、陈琳、唐棣、张雨、王渊等受其影响。赵氏文化家族深刻地影响了中国绘画的历史走向,开启了元、明、清三代近七百年文人画兴盛的大幕。而赵孟頫的莲花庄在湖州相当知名,一直影响到近代南浔园林的营建,如小莲庄就是慕莲花庄之名而建的。莲花庄位于白苹洲,内有松雪斋、鸥波亭等建筑,还有竹石大池、百顷碧荷。

明清时期,湖州南郊的岘(xiàn)山与所辖市镇成为造园中心。岘山在碧浪湖畔,早在宋元时就已是湖州名胜,又名"浮玉山",画家赵孟頫有《吴兴清远图》,钱选有《浮玉山居图》。明代时岘山雅集频繁、百年不歇,湖山间建有逸老堂、滴翠轩、念西楼、万籁轩、浮碧亭、浮玉塔、湖山绝胜亭等园林建筑。同时,湖州所辖双林、菱湖等市镇经济蓬勃发展,仅以出产绫绢著称的双林镇就拥有园林14座。

晚清民国以后,造园中心转移到湖州东部的南浔镇。依托"辑里湖丝"发家的南浔富商不仅在商业方面长袖善舞,而且在小小的南浔镇上修建了5座大型园林与众多小型园林，惜宜园、适园、留园、东园等园林毁于抗日战争时期。

现存湖州园林主要分布在吴兴区与南浔区。吴兴区的钱业会馆（可园）为少见的馆社园林，另有私家园林千甓亭（含皕宋楼）与潜园（莲花庄）。今天的南浔古镇相对完好地保留了清末民初水乡风貌，形成一处集中的园林群落，其现存园林的数量虽不及盛期，但有小莲庄、嘉业堂、颖园、述园快阁等传世，多为私家园林。

在现存湖州私家园林中，以商人园与藏书园更有代表性。商人园有小莲庄、颖园、述园快阁等，它们集苏杭园林艺术之精华，又受到上海传来的西方建筑风格的影响，形成了湖州园林的特色。以丝业致富的湖州商人不仅将财富投入园林建造中，作为身份的象征与炫耀的资本；还投入文化事业中，为图书的收藏专门建造园林。陆心源是清末民初之际湖州著名的藏书家，拥有皕宋楼、十万卷楼、守先阁3座藏书楼与约15万卷的藏书。陆心源在月河街6号的故宅中原有两处藏书楼，即皕宋楼与十万卷楼。后故宅拆毁，残存园林部分为千甓亭（含皕宋楼），占地约600平方米，原收藏有汉、晋墓砖近千块及珍贵的宋元版书230部，后宋元版书售予日本静嘉堂文库。陆心源晚年号"潜园老人"，位于白苹洲莲花庄旧址一隅的潜园，是他的别业与藏书楼守先阁的所在地，守先阁是陆氏唯一向公众开放的藏书楼。园中保留着赵孟𫖯莲花庄的旧物"莲花峰"与"三品石"。另外，嘉业堂也是藏书楼园林的代表。

## （13）小莲庄

小莲庄又名刘园，占地面积18000平方米，是湖州现存园林中规模最大、保存状况较好的一处。位于南浔古镇西南鹧鸪溪南万古桥西，与另一处藏书楼园林嘉业堂隔河相望。小莲庄由西部私塾、中部义庄（桂花厅）与家庙（馨德堂）、东部园林组成，园林部分又分外园和内园。

从鹧鸪溪北岸的小路沿溪西行，碧水绿树间簇拥着一座"仿西洋红砖牌坊"，上书"小莲庄"三字，为近代书家郑孝胥书。此处虽未入园，但透过浓密的花木可以窥见外园水面一角及园内建筑屋顶，引起游园者对园内景致的遐想。到达鹧鸪溪西正门处的"水码头"时，由于没有林木的遮挡，楼阁、假山、天空映入眼帘，这样的园外过渡处理手法与苏州沧浪亭有相近之处，又更富水乡情趣。

外园为小莲庄主体，核心景物是宽广十亩的荷池。荷池略呈方形，在荷池东岸有狭长水道往东延伸，从平面上看类似一个水瓢，又取隐士许由"挂瓢"故事的隐逸意涵[1]，得名"挂瓢池"。

"仿西洋红砖牌坊"

---

1. 东汉蔡邕《琴操》记述：许由无杯器，常以手捧水，人以一瓢遗之。由操饮毕，以瓢挂树。风吹树，瓢动，历历有声。由以为烦扰，遂取捐之。挂瓢。

小莲庄鹧鸪溪"水码头"

　　"荷池北岸"为长堤，俗称"柳堤"，即园外所见仿西洋红砖牌坊处。堤上种朴树、海桐、香樟、垂柳、水杉等，堤中部有一座"六角亭"向南半浸入挂瓢池水面，可一览园景精华。柳堤向西被一座假山挡住去路，似乎"山穷水尽"，但折转后可见山洞，出洞后"柳暗花明"，西岸景致尽现眼前。

　　荷池西岸从北往南，有"西钓鱼台""净香诗窟""水榭""东升阁"等错落分布的濒水建筑，建筑间植以桂花。

　　西钓鱼台为低矮、内敛的临水平台，可透出后方镶嵌了45块碑刻的家庙东廊；净香诗窟为四面厅，是园主与宾客宴饮雅集处；水榭地基半入水面，空灵通透；东升阁则是仿西洋的砖砌两层楼房，间杂中国传统建筑的风格。

"荷池北岸"与"六角亭"

"荷池西岸"的"西钓鱼台""净香诗窟""水榭""东升阁"

东升阁往南,有条东西走向的曲折游廊,串联起西端的书斋养性德斋。

"荷池南岸"中部的主体建筑退修小榭及东端的圆亭、亭桥。养性德斋靠南墙,旁植芭蕉、四季桂。退修小榭平面为"凹"字形,两翼展开,建筑主体向内收缩。亭桥以内园林木为背景,桥下水面直通内园,桥上亭子八角飞檐,显得轻盈活泼。游廊南侧分布有假山,植有水杉、朴树、女贞、香樟等。

"荷池南岸"

向"荷池东岸"延伸的狭长水道小荷花池上，有一座架有百年紫藤花的"五曲桥"。池北为七十二鸳鸯楼遗址，与之隔池相望的是铁皮顶的"听雨亭"。

"荷池东岸"与"五曲桥"

"五曲桥"与"听雨亭"

　　小荷花池尽头有一座方形石台伸向池中，称为"东钓鱼台"。其东侧原有假山、鹤笼、花圃、花房，今仅存假山。由石径往南，可到达内园。

　　内园地处全园东南部，面积不过两亩，却高低错落，曲径通幽。内园四周建有高墙，有两座园门与外园相连。其中一门为湖石假山门，假山内部曲折，到洞口处豁然开朗。另一门为粉墙"月洞门"，可达园北的"掩醉轩"，该轩曾是园主醉后醒酒之处，故名。轩坐北朝南，面阔三间，单檐歇山顶。轩门正对主景"假山"，有"开门见山"的宏阔。该假山呈东西走向，东半部山体由湖石、泥土堆筑而成，有平冈小坂的特征；西半部山体由湖石、石笋垒砌而成，有岩壑嶙峋的特点。

"东钓鱼台"、月洞门与"掩醉轩"背面

　　该山仿唐代诗人杜牧《山行》的诗意[1]叠造——山并不高，形似缓丘；山径蜿蜒，湖石护坡；峰峦起伏，洞壑森然；满坡苔草，遍植枫树。山顶有铁皮方亭一座曰"放鹤亭"，其名称有隐逸之意，在此原可远眺园墙外的纵横阡陌、稻田桑林，现外部景观随着南浔的城市化已变成都市。假山向西直接伸入水池处，纯以湖石叠砌，故多孔窍，显得玲珑剔透，湖石上栽植紫藤。水池形状瘦长弯曲，多水湾暗河。过石板桥到池南，有方形"轿亭"一座，与隔水相望的亭桥形成对景。池水从亭桥下与外园相接，亭桥粉壁上设铁质漏窗，使内、外园互成借景，拓展了园林的视觉空间。

---

1.唐代诗人杜牧《山行》原诗为：远上寒山石径斜，白云生处有人家。停车坐爱枫林晚，霜叶红于二月花。

内园 "假山"

"轿亭"

"亭桥"

　　小莲庄作为清末民初南浔五大名园中唯一留存至今的园林，是江南园林在近代演化的见证。小莲庄分内外园，反差强烈，清旷雅丽，融合中西，有着明显的湖州地方特色。取名"小莲庄"，是因为园主刘锦藻仰慕元初湖州书画大师赵孟頫的私家园林"莲花庄"，可视作湖州地方文脉的延续。

　　小莲庄以荷池为主景，莲花"出淤泥而不染"为文人所喜爱，亦合乎园名。小莲庄的外园宏阔，以大荷池为中心，形成东港、南廊、西堂、北堤、中池的格局。

　　东岸有狭长水道向外延伸，距离虽不遥远，但被遮掩于曲桥藤架之后，显得幽深宁静。南岸以低矮的曲折游廊为脉络，并借景内园树木，使观者产生园林似无边界的丰富联想。西岸堂榭林立，气势宏大。在通常情况下，西岸的四座建筑"西钓鱼台""净香诗窟""水榭""东升阁"，排列在同一条岸线上会显得呆板、零散，但建筑间栽植的桂花，后方家庙建筑群的外墙与廊道，家庙主体厅堂的三角形屋顶山面，以及不远处嘉业堂园林中的树木，一同构成了由低向高、由疏向密、由散向聚的层次变化。北岸柳堤平直，花木为其增色不少，宛若西湖苏堤。更有借景鹧鸪溪，将溪上往来舟楫与岸上行人借入园中，产生了动静交融的效果。园主人很早就发现在鹧鸪溪上可借景小莲庄，刘锦藻在《小莲庄记略》中记述："一叶扁舟，融于鹧鸪溪中，回望阁飞动，水木清华，洵可乐也。"

与明清时期人们喜爱欣赏由湖石垒砌的曲折池岸不同，小莲庄外园荷池水岸的处理近似宋画小品中的南宋水景园林，显得较为平直，突出了水面的宏阔齐整和荷塘的自然意趣。偌大的荷池没有一座岛屿或立峰，只有纯粹的水面与成片的荷花，即便是岸边的假山、立峰，其尺度大小也受到约束，成为荷塘的陪衬。在此可春赏荷芽初露，夏赏碧叶锦云，秋赏残荷听雨，冬赏明镜止水。

内园以叠石山为主景，叠石造山的风格有程式化的偏好，表现在对岩壑孔窍的营造。再如内园西墙太湖石筑成的屏障，如墙类山，似隔还连。

园主人时常往来沪杭间，一方面受传统江南园林文化的影响，甚至有文人园隐逸避世的倾向；另一方面容易受到新时尚、新风气的熏染，特别是受到西方文化的影响，园主将中西折中样式的建筑与构建修造在园中，如东升阁有中西合璧的特色，放鹤亭、听雨亭以铁皮制成，而亭桥隔窗以铁制成，丰富了江南园林的建筑形式语言。园主人更是以开明的姿态，欢迎公众入园游赏。

具备如此丰富文化内涵的园林，其背后的营造者功不可没。小莲庄的建造者是刘镛家族。刘镛虽出身贫寒，但其财富位居南浔"四象"之首，且深受崇儒风气影响，极为重视对儿孙的教育。刘镛之子刘锦藻，原名安江，字澄如，晚号坚匏盦，他继承刘镛"外商内儒"的特征，一生涉及从政、实业、慈善、学术、藏书与造园。早年中举入仕，后袭父

业从商。中年专注学术，收藏、考订清代文献。又大力兴办教育，开办
中小学，设立教育基金，并在小莲庄里为族人子弟开设私塾、义庄。刘
锦藻的造园活动并不限于南浔，他在莫干山有一处别墅，在杭州有一处名
为"坚匏别墅"的园林。有趣的是，坚匏别墅也名"小莲庄"，人称"小
刘庄"，全园依山就势，地处保俶塔下，眺望西湖。

　　而南浔小莲庄的营造，历经了两代人40多年。1873年，刘镛购得原
长生寺属地、隔河学舍挂瓢居及荷池鱼池径[1]。刘镛之子刘安澜、刘锦藻
兄弟时常漫步于幽静池岸，后刘安澜英年早逝，刘锦藻为纪念兄长而构
筑小莲庄。1888至1897年间，在荷池边增筑建筑以充实外园，使之成为
服务族人及乡邻的园林。1905年至民国初年，又修建义庄与私塾。1920
年，刘锦藻萌生归隐之意，继而在外园东南营造内园作为私人空间。今
天，除七十二鸳鸯楼、秋千亭与秋千架、鹤笼、花圃未重建，基本恢复
园林原貌。

---

1. 即"挂瓢池"前身。

九　嘉兴园林

# 概说

嘉兴古称檇李、由拳、禾兴、秀州等。地处浙江省东北部，东濒杭州湾，南临钱塘江，北依太湖，地近沪、杭、苏、湖。境内平原广阔，水道交错，京杭大运河纵贯老城，仅有少量丘陵山地分布。

嘉兴最早的园林，有汉代时的名人严助宅与朱买臣宅这样的私家园林。南朝时受佛教与"玄学"思想的影响，寺庙园林开始兴盛。如东晋尚书徐熙舍宅为精严寺、剡山法师建祥符禅寺、卜本常建保安寺、南梁天监年间改朱买臣宅为东塔寺等。隋代开大运河，造就了隋唐两宋时期嘉兴经济的繁荣。这一时期寺庙园林兴盛依旧，有真如教寺、景德禅院（茶禅寺、三塔）、壕股塔、金鱼院、兴圣禅院、报天尼寺、本觉禅院（报本禅寺、三过堂）、觉海寺（报忠寺）等。其中，真如教寺为唐代名相裴休故宅，位于鸳鸯湖西，唐大中十年（856）成寺。园景有"雪峰井""彩云桥""东坡煮雪亭""清晖堂""长水塔"等。景德禅院濒临白龙潭，因此处水深流急，古人认为有妖物作祟。唐时有僧人运土填潭，造三塔以镇妖物，五代吴越国时赐额"保安"，北宋时改为"景德禅院"。宋代时嘉兴私家园林异军突起，有陆宣公宅、焦家园、会景亭、柳氏园、高氏圃、包氏圃、栎斋、徐长者园等。其中，陆宣公陆贽宅园在鸳鸯湖中水墩"裴岛"上，陆贽建有"放鹤亭"，此岛亦得名"放鹤洲"，后成嘉兴名胜。焦家园在西门内杨柳湾北岸的徐家棣西，是宋人焦虎臣的旧园，园内有高二丈余的"三峰石"，种植多种奇花。会景亭是宋代太师潘师旦的园林，此园在澎湖之滨，园中十景为"南坞""海棠亭""白莲沼""桃花亭""红薇径""茶溪""仙鹤亭""芙蓉塘""白芋桥""渔淑"，取"咸会于此"之意得名。同时公共园林陆续出现，有放鹤洲、烟雨楼、月波楼、落帆亭。烟雨楼是嘉兴名胜，始建于五代吴越国时期，由中吴节度使、广陵郡王钱元镣所建，原在澎湖岸边，是眺望湖景的制高点。月波楼在古城墙上，视野极佳，可俯瞰金鱼池景致。落帆亭在北门外端平桥北杉青闸畔，为宋孝宗出生地，到民国时园林重建，归酒米二业公馆管理。

元明清时期，嘉兴成为中国经济最发达的地区之一，"百工技艺与苏杭等"；经济与人口"生齿蕃而货财阜，为浙西最"。这一时期嘉兴私家园林后来居上，迎来鼎盛。如吴镇的春波草堂、屠兼善的茶屋、朱元度的瓜所、吴昌时的勺园、李日华的恬致堂、李肇亭的写山楼、谭贞默的平林小筑、戴晋的松山书屋、汪森的小方壶、王墉的梅花桩、姚绶宅园、沈启隆的南园、沈思孝的绿萝庄、周屐靖的梅墟、包鼎的包氏园、朱彝尊的曝书亭、谭贞默的药山书圃、李良年的秋饰山房等。春波草堂在春波门外，是"元四家"之一吴镇的读书处，到明代时改名梅坡草堂。吴昌时的勺园在澒湖岸边，有张南垣叠造峰石，歌舞盛极一时。李日华的恬致堂在春波门外螺丝浜，有"六研斋""紫桃轩""味水轩"等建筑，李日华是大收藏家，在园内"味水轩"写就《味水轩日记》。李日华之子李肇亭的写山楼，园内有五峰。姚绶也是大收藏家，其园宅由桥分作东西两部分，有水竹环绕的"丹邱室"，也有"振衣亭"。朱彝尊是明末清初著名学者，其私家园林曝书亭位于王店镇的南荷花池。王店镇的另一处园林是李良年位于兼葭湾的秋饰山房，园内南有"观谨"，东有"剩舫"，北有"息游草堂"。晚清民国时期的嘉兴园林处于衰落中，多为重建，部分新建。公共园林有南湖的小瀛洲、仓圣祠、烟雨楼，与老城区的落帆亭、瓶山；私家园林有张菊生的寄园、孙家祯的小灵鹫山馆、莫放梅的莫氏庄园、朱彝尊的曝书亭、冯缵斋的绮园等；寺庙园林有三塔寺、血印寺、金明教寺。

现存嘉兴园林多为私家园林，还有部分公共园林、寺庙园林。私家园林较为典型的是绮园、曝书亭、莫氏庄园等。绮园位于海盐县城内，此园幽静古朴，被誉为"浙中第一园"。曝书亭位于王店镇百乐路南，此园原名竹垞，为朱彝尊故宅，原有"桐阶""荷池""菱池""槐沂""芋陂""娱老轩""潜采堂""曝书亭"等，风格上田园气息浓郁。莫氏庄园分东、前、后三花园，多以水池为中心，以湖石驳岸，周围植蜡梅、芭蕉、竹子、天竺、红枫等。公共园林较为典型的是烟雨楼。烟雨楼位于南湖，明代移建于湖心岛上。清代乾隆帝南巡，对烟雨楼园林钟爱有加，作诗吟咏并仿建于承德避暑山庄。南湖小瀛洲是南湖西北的方形岛屿，由曲折木桥与陆地相连，岛上有奇石立峰"舞蛟石"，又名"蛇蟠石"。寺庙园林较为典型的是金明教寺，金明教寺以范蠡湖为主景，唐代筑城时将湖面的一部分截入城内，使湖面呈长条形，为湖石驳岸，岸边古木参天。整体上，嘉兴园林受苏杭园林影响较深，在汲取众长的同时又有地方特色。

# （14）烟雨楼

嘉兴南湖位于嘉兴老城西南，"烟雨楼"是湖心岛的核心建筑，也是嘉兴南湖的地理标志，楼名取自唐代诗人杜牧的"南朝四百八十寺，多少楼台烟雨中"。烟雨楼园林占地面积17亩，为嘉兴地区最大的公共园林。

湖心岛平面近似四角圆浑的方形，中部烟雨楼建筑群平面为方形，形成内、外双层结构。园林由外围的环岛路径园林区域与内部的烟雨楼古建筑群区域共同构成。由嘉兴城内望向南湖，烟雨楼如漂浮于水面一般。环岛路径由条石或碎石铺砌而成，两侧种植各类花木，路径一面朝向南湖，可借景南湖四面景物；另一面朝向烟雨楼，可借景建筑与花木，又因园内外景物的反差而各显其美。

以下沿环岛路线按顺时针方向介绍。登岸湖心岛，路径起点为园林正门"清晖堂"前的码头，位于环岛路径东段。码头为石砌港湾，水中立两尊方形石柱，上各刻一尊狮子，可显示水位深度，富有江南水乡特色。清晖堂地处高耸宽阔的台阶之上。它坐西朝东，面阔三间，单檐歇山顶，顶饰鳌龙，黛瓦粉壁，朱柱明窗。

远眺"烟雨楼"

"清晖堂"

清晖堂近墙处嵌石碑，刻清顺治年间冀应龙楷书绿字"烟雨楼"。堂两侧对称分布歇山卷棚顶旱舫，北旱舫为菰云簃，南旱舫为"小蓬莱"。两旱舫临湖处设美人靠，可打开木栅窗户供人休憩。

"小蓬莱"

环岛路径南段是由长堤、访踪亭、"元宝池"、"红船"、"万福桥"组成的园景，显得错落有致又宏阔大气。长堤两侧种植椰榆、香樟、垂柳、朴树等，使长堤显得苍翠欲滴。长堤东南有跨水亭榭访踪亭，四柱朱漆，卷棚歇山顶。亭内立有中国共产党"一大"代表董必武先生行书诗碑，为1964年重访南湖时题写。长堤与"钓鳌矶"合围成平面为元宝形的水池，故名"元宝池"。池岸由条石砌制而成，故池形齐整，承袭了早期园林对几何形水池平面的偏好。池内碧水清澈，荇藻粼粼。池北"钓鳌矶"两侧，各有一组湖石。其东侧一组悬空、半入池中，状如江边湖畔的石矶。

"元宝池"与"钓鳌矶"

　　红船位于长堤南侧的南湖水域，是中国共产党"一大"纪念船。中国共产党第一次全国代表大会于1921年7月23日在上海召开，后遭法租界巡捕侵扰，最后一天会议转移到嘉兴南湖的一艘画舫上举行。由于抗日战争期间嘉兴经济凋敝，南湖上的画舫消失。红船为1959年仿"一大"画舫而建，是按传统工艺制作的，内部陈设与"一大"时相似。红船现已成为烟雨楼与南湖园林重要的园景，其意义十分重大。红船后系一小型木制拖梢船，舱顶、棚顶覆桐油刷制篾板，为入城接人、采购所用。

　　路径西段为现代仿古建筑，由两轩及月洞门墙构成，轩内悬"菱香水榭"，以南湖水生水果菱角为榭名。继续前行为路径北段，可见湖畔由石笋、枫树、黄杨组成的小花坛，路径自此分作两道：一道沿湖岸而行，道旁植枫树、香樟。另一道在宝梅亭北的护墙下方蜿蜒曲折，道旁"放生池"以暗沟与南湖连接。足踏水中的两方黄石蹬步，可见护墙下放生池中有一座"贴壁假山"。由小块湖石垒砌，其间峰峦峥嵘、山脉迂回、石矶临水，间植红枫、杜鹃、南天竹等。

"红船"

"放生池"与"贴壁假山"

　　山顶有人工泉流而下，水流过处青苔斑驳。附近的护墙上有明代松江书画家董其昌于明万历三十三年（1605）行书"鱼乐国"石碑，是他督学江南经过嘉兴（与松江接壤）时题写，石碑上方设卷棚顶以护石碑不受风雨侵蚀。路径继续前行，重回清晖堂前码头。

"鱼乐国"石碑

    湖心岛中部的烟雨楼古建筑群坐北朝南，实测显示朝向偏东南，平面为十字交叉式轴线格局。由东往西走向的清晖堂、御碑亭（东）与烟雨楼、鉴亭后门，与由南往北走向的钓鳌矶、烟雨楼、"湖石假山"、宝梅亭构成，两轴线交会于烟雨楼。

    清晖堂虽为烟雨楼古建筑群的正门，但主体建筑烟雨楼的朝向决定了整组建筑主要为坐北朝南。烟雨楼古建筑群分东、中、西三路，既对称严整又等级有序。东路由南到北依次为小轩、御碑亭（东）、"观音阁"。小轩位于东南角，形态小巧、粉墙黛瓦，开六边形窗，单檐庑卷棚殿顶，轩西沿墙的空地上石峰簇簇、绿蕉贴墙、麦冬遍地。小轩至御碑亭（东）之间的空地上，疏疏种以桂花、青枫、桧柏等，空地中间有四方石花台，内植虬干曲枝的黄杨木一株。御碑亭（东）为坐西朝东的方亭，因亭内立乾隆帝书烟雨楼诗碑一方而得名，亭壁开扇形窗。亭北至观音阁间以湖石砌成园墙状，设有石门，似连而不连，仅作空间隔断与景观使用。观音阁又名"大士阁"，是面阔五间的二层楼阁建筑，檐下悬陆俨少行书黑底绿字阁名匾。阁前空地两侧花坛里种植桂花、红枫、龙爪槐等。

东路"观音阁"

中路由南到北依次为钓鳌矶、烟雨楼、湖石假山、宝梅亭等，是园内最重要的建筑。钓鳌矶为高台建筑，下俯元宝池。高台表面涂红色，墙体正中嵌绿字行书石刻"钓鳌矶"。高台顶部空间宽阔，作几何形铺地，台缘安装花岗石栏。中间湖石花坛内种植玉簪花、杜鹃、红枫、萱花、秋海棠、南天竹等。高台两侧对植近五百岁的银杏，并植有桂花、玉兰、天竺等。

烟雨楼位于高台后方，面阔五间，重檐歇山顶，是正脊两端饰螭吻的二层楼阁建筑。楼高近14米，建筑面积640余平方米，是江南地区现存较大的木结构楼阁建筑。楼阁正面雕梁画栋、光亮通透，檐下悬董必武书"烟雨楼"白底黑字行楷匾额；背面设木梯可登楼，梯下有月洞门，门上悬楷书"共登青云"。楼内陈设精致，诗文书画俱齐。

中路"烟雨楼"

一楼厅内匾额是褚辅成题写的"分烟话雨",抱柱上楹联为董必武行书"烟雨楼台革命萌生此间曾著星星火,风云世界逢春蛰起到处皆闻殷殷雷"。另有"秋到天空阔,浩气与云浮""出东郭门半里而遥,春水绿波、处处美人画舫;与南堰镇隔湖相望,夕阳芳草、寻寻高士祠堂"等联句。厅内四壁还陈列着沈钧儒、郭沫若、潘天寿、陈从周、钱松喦、刘海粟等名人名作。二楼厅内悬王个簃篆书白底黑字匾额"湖天一览",两边悬钱君匋楹联"如坐天上、有客皆仙,烟雨比南朝,多少楼台归画里;宛在水中、方舟最乐,湖波胜西子,无边风月落樽前"。中悬钱君匋绘《南湖》图。二楼朝南,视野开阔,可凭栏俯瞰近处被水包围的堤柳与远处树林烟霭中的城邑。

楼北假山并不像一般山体,而近似于山中石林。1918年,嘉兴城内同润酱园主人沈石荪在倒塌的假山旧址上重修,堆叠成狮、虎、豹、象的形状,模拟动物神态,妙在似与不似之间,又不失石林意趣。

山间空地设有石桌凳,并植有芭蕉、红枫、朴树、黄杨木等。假山有石阶可登临,似连接烟雨楼二层,实则不连。假山两侧各有游廊,连接烟雨楼与宝梅亭,两廊亦是三路建筑的界线。东侧复廊墙上嵌宋人苏

中路"湖石假山"

轼、米芾、黄庭坚的碑刻，并点缀博古架形、花瓶形、葫芦形窗；西侧游廊边的墙壁上嵌有元代嘉兴书画家吴镇画作《嘉禾八景》刻石。北部的宝梅亭面阔三间，卷棚顶。亭内朝南两窗以青砖拼成梅花纹，朝北的木制窗户可俯瞰放生池；东门蕉叶形，西门宝瓶形。亭内悬画家谢稚柳行书黑底绿字匾额"宝梅亭"，东墙嵌元代吴镇绘风竹立轴碑刻，西墙嵌清代彭玉麟绘梅花立轴碑刻，南墙下嵌彭玉麟绘梅花横披碑刻。宝梅亭因旧时有古梅而得名，在亭东的墙角今有蜡梅数株。

西路由南到北依次为御碑亭（西）、鉴亭、"来许亭"。御碑亭（西）为方亭，亭内碑上刻乾隆帝作烟雨楼题材诗歌。往北经过一段紫藤花架，抵达鉴亭。鉴亭面阔五间，四面围廊，单檐歇山顶。檐下悬画家唐云行书白底黑字亭名牌匾，内陈列南宋岳珂洗鹤石池、血柏、米芾诗碑、许瑶光撰书《鉴亭铭》、吴昌硕行书蒲华墓志铭刻石等。来许亭形制与鉴亭相仿，正面檐下悬俞平伯楷书白底黑字亭名牌匾，反面为程十发题写，柱悬许瑶光行楷黑底绿字楹联"更将渌酒酌黄菊，烦向苍烟问白鸥"，亭内陈设许瑶光画像、水墨《鸳湖春饯图》复制品等。来许亭是为饯别知府许瑶光赴京述职而建，又期盼许氏能够留任嘉兴。现存烟雨楼园林与原貌相比变化较少，后来的维修多为修复性质，保持了较多的历史风貌，仅"观音阁"等为战后重建。

西路"来许亭"

烟雨楼是江南著名的公共园林，在选址上属于"江湖地"园林。烟雨楼楼址所在的湖心岛最初为水面，这样的南湖虽然有较多自然气息，但缺乏视觉中心。而湖心岛与烟雨楼园林的修建，造就了观景南湖时的视觉中心。此园虽占地面积较小，但巧在高台平湖、烟雨迷楼，乾隆帝诗中有"不殊图画倪黄境，真是楼台烟雨中。欲倩李牟携铁笛，月明度曲水晶宫"。符合"仙人好楼居"与"瀛州胜境"的古老意象，并擅长使用借景手法，遇到阴雨连绵或四时晨昏，湖上烟雾迷蒙，观湖四周墨色渲淡；湖边远望烟雨楼园林似水晶宫，仿佛蓬莱仙境。

该建筑群不落俗套的格局设计，为烟雨楼增色不少。如入口与出口设计在东西轴线上，而建筑朝向为坐北朝南并按照传统礼制去营造，这使小型的园林富于变化，也使游人在方位认识上产生偏移，产生园内空间丰富的错觉。另外，河北承德避暑山庄"烟雨楼"建在如意洲后的青莲岛上，为模仿嘉兴南湖"烟雨楼"而建。总体上避暑山庄"烟雨楼"既符合传统礼制，又模仿"烟雨楼"的烟雨之意，还依据现实条件变通增删，是北方皇家园林借鉴江南公共园林的范例。

烟雨楼园林的历史，可追溯到五代后晋时期（936—947）。吴越王钱镠第四子中吴节度使、广陵郡王钱元镣热衷造园，在苏州建有池馆。又于秀州鸳湖（今南湖）之滨修建馆台园林，"以馆宾客"，供登临游观，惜旧址今已无存。清人吴任臣编撰《十国春秋》中虽有"又建烟雨楼于澂湖之上"，但无历史文献记载。据元代嘉兴地方志《至元嘉禾志》记载，"烟雨楼"之名始见于南宋词人吴潜的《水调歌头·题烟雨楼》，词中有"东湖千顷烟雨"与"自有茂林修竹"，表明园景有水面与竹木。南宋嘉兴诗人叶隆礼有《烟雨楼》诗，在烟雨楼可见"竹树一堤""塔影"等景致。此后，"烟雨楼"相继成为三教堂、宣公书院、三贤祠的所在。明嘉靖二十七年（1548），嘉兴知府赵瀛疏浚市河，堆泥入湖成湖心岛，次年移烟雨楼于岛上，自此楼址就固定下来。万历十年，时任嘉兴知府的龚勉修建文昌祠、武安祠、凝碧亭、浮玉亭、禅定室、观空室、栖凤轩等，加高石台取名"钓鳌矶"，次年嘉兴就出了状元，使烟雨楼声名卓著。万历三十三年（1605），董其昌为烟雨楼留下墨宝"鱼乐国"。明末清初，楼毁于鼎革易代的战争。康熙二十年（1681），在嘉兴同知季舜倡导下，耗时4年完成了烟雨楼古建园林的重建。重建的烟雨楼坐南朝北，面朝府城。乾隆帝6次南巡，8次抵达烟雨楼，为楼赋诗15首。出于对烟雨楼园林的喜爱，乾隆帝改烟雨楼朝向为坐北朝南、面湖背郭，并于乾隆四十五年（1780）在承德避暑山庄的如意洲上仿建了烟雨楼。同治初年，烟雨楼毁于兵灾，许瑶光重建烟雨楼，新造"八咏亭""清晖堂""亦方壶""菰云簃""宝梅亭"等。同治十二年（1873），许氏赴京前嘉兴士绅建"来许亭"，后许氏留任建"鉴亭"，遂成一段佳话。此后烟雨楼逐渐颓败，后于民国七年（1918）由嘉兴知事张昌庆重建，其间将"八咏亭"迁往城内瓶山之巅。抗日战争期间，日军炸毁"观音阁"，强征烟雨楼作为"华中铁道公司"的食堂。新中国成立后，烟雨楼进行了多次修缮，成为全国重点文物保护单位。

十　杭州园林

# 概说

杭州古称禹航、钱塘、武林、临安、仁和等。地处浙江省北部，其西部为江南丘陵，境内天目山、龙门山、千里冈等山脉横亘，钱塘江、苕溪流经于此，河谷间为小块平原，山岳延绵，江川毓秀。东部主体为长江三角洲平原，杭嘉湖、萧绍等平原毗连，零星分布有缓丘，地势低平，河网密布，京杭大运河与浙东运河在此连通。杭州为浙江省政治、经济、交通、文化中心，有"东南形胜，三吴都会"之誉。

童寯先生在《江南园林志》中写道："南宋以来，园林之盛，首推四州，即湖、杭、苏、扬也，而以湖州、杭州为尤。"杭州园林的历史可追溯到魏晋南北朝时期，佛道盛行寺观园林兴盛起来，著名者如始建于东晋咸和三年（328）的灵隐寺、始建于东晋咸和五年（330）的翻经院、始建于东晋的抱朴道院等。隋唐时开通京杭大运河，杭州获得了进一步发展。唐代诗人白居易担任刺史时，在西湖中修建"白公堤"，在孤山上构建"竹阁"，这些水利工程与别业建筑日后演化成公共园林。晚唐五代时期临安钱氏家族在杭州的统治，促成了杭州园林营造的一次高峰。钱氏三代五王治理下的吴越国奉行"保境安民"的政策，使杭州成为乱世中的人间乐土，还新建、改建、扩建了大量园林。吴越国时期，疏浚西湖、开"涌金池"，建有秾华园、西园、瑞萼园、望湖楼、南果园等园林，另外吴越国重视佛教，在杭州建有昭庆寺、净慈寺、云栖寺、理安寺、韬光寺等寺庙园林。

北宋是杭州都市蓬勃发展的时期，杭州已是词人柳永笔下繁华的"三吴都会"。苏轼疏浚西湖，构筑苏堤。诗人林和靖隐居在孤山种梅养鹤，是宋代文人文化的典范，其隐逸文化观念更是影响了整个东亚。林和靖身后，留下园林孤山梅圃。今孤山梅圃中有"林社""放鹤亭""林和靖墓"等园林景物，虽非宋时旧物，但可见人们对林和靖的敬重。

南宋时期由于宋室南迁，更多中原文明的因子融入江南，杭州园林步入极盛期。南宋初年的陆游创作诗歌《武林》写出此时杭州园林的盛况："皇舆久驻武林宫，汴雒当时未易同。广陌有风尘不起，长河无冻水常通。楼台飞舞祥烟外，鼓笛喧呼明月中……"南宋时期杭州园林见诸文献记载的不下百余处，有皇家园林、私家园林、寺观园林等。南宋皇家园林多沿西子湖山与城内御街附近分布，代表性的皇家园林如延祥园、聚景园、德寿宫御园、太庙樱桃园、东太乙宫后圃、景灵宫御园、玉津园、下竺御园、玉壶园、五柳园、郭东园等。南宋皇家重视绘画，命名"西湖十景"，让画院画家绘制，久而久之，"西湖十景"由画题演化成公共园林的名称。"西湖十景"的命名方式影响到全国乃至整个东亚世界，成为东亚园林文化的传统，现存宋画中就保留不少当时杭州园林的图像。南宋皇亲贵戚亦拥有大量园林，著名者有韩侂胄的阅古堂、贾似道的后乐园、张俊的真珠园、张俊之孙张镃的张家园、卢允升的卢园、韩世忠的梅冈、恭圣仁烈皇后宅园等。另有小隐园、快活园、乔园、杨园、水乐洞园、水月园等私家园林。寺观园林有大仁院、清修院、龙井延恩衍庆院、玛瑙宝胜寺、圣果寺、三茅观等，多得湖山之美。

宋元鼎革，杭州城并未遭受战火。元初散曲家关汉卿描绘杭州是"百十里街衢整齐，万余家楼阁参差，并无半答儿闲田地。松轩竹径，药圃花蹊，茶园稻陌，竹坞梅溪。一陀儿一句诗题，一步儿一扇屏帏"。传统的"西湖十景"演化为"钱塘十景"，这一时期杭州园林衰退，新建园林不多，以文人的私家园林为主，如张雨的茵阁、鲜于枢的困学斋等。

明初社会经济凋敝、民风淳朴，加上帝王反对大兴土木造园，这时的杭州园林数量不多、风格质朴，如徐子贞的兰菊草堂、僧人广衍的藕花居、郝思道的泉石山房等。明代中期的正德初年，杨孟瑛疏浚西湖，新造"杨公堤"，并拓宽垒高"苏堤"，使西湖重现唐宋盛景。"杨公堤"上建有环璧、流金、卧龙、隐秀、景行、浚源"里六桥"，与苏堤跨虹桥、东浦桥、压堤桥、望山桥、锁澜桥、映波桥"外六桥"合称"西湖十二桥"。

明中期到清代，随着江南经济的繁荣、社会环境的逐渐宽松，杭州园林日益兴盛。私家园林有洪钟的洪钟别业、李芨的岣嵘山房、陶骥的留余山居、汪献珍的漪园、李卫的蕉石山房、汪之萼的小有天园、李渔的层园、高士奇的竹窗、俞樾的俞楼等；书院园林有近山书院、万松书院、紫阳书院等；寺观园林有昭庆寺、永福寺、龙井寺、云栖寺、虎跑寺、玉泉寺、圣因寺、三茅宁寿观、黄龙洞等；祠堂园林有钱王祠、岳王庙、朱公祠、于谦祠、张曜祠等；公共园林有湖山春社、鱼沼秋蓉、小瀛洲等；皇家园林有西湖行宫等。

太平天国运动之后，杭州从战乱中恢复生机，从晚清到民国时期，杭州园林迎来了一次营建热潮，其中，私家的湖庄园林较有特色。湖庄多集中于南里湖、西里湖、北里湖、孤山一带，杭人称曰"庄子"。丰子恺回忆起民国时的西湖园林，说："刘庄、宋庄、高庄、蒋庄、唐庄，里面楼台亭阁，各尽其美。"园林学家陈从周则记述西湖园林："湖上郊园则有勾山樵舍、俞楼、刘庄（水竹居）、小刘庄（坚匏别墅）、杨庄、南阳小庐、蒋庄（万柳堂）、汪庄、唐庄（金溪别业）、高庄（红栎山庄）、郭庄（汾阳别墅）、许庄（安巢）、漪园及西泠印社等，散见湖上。春秋佳日，荡舟清游，一天玩上一两个园，那真是从容乐事了。"

当园主外出时，湖庄就可对外开放，游人可购置茶水、点心作为游园之资，可见湖庄主人的思想颇为开明。湖庄秉承着开放性的特征，若有园主违反这一惯例，就会招致社会舆论的谴责。如上海犹太富商哈同的罗苑，即便是园主并不常来，也不对外开放，故而激起杭州各阶层人士的愤慨。此外，城内尚有岳官巷补松书屋、金衙庄皋园、元宝街芝园、横河桥庚园、奎垣巷固园、双陈巷络园、东街路榆园、头发巷绸业会馆等。抗日战争以后，杭州园林多有衰败，新中国成立后陆续重修，形成今日格局。

杭州以湖山著称，其园林多沿湖岸、洲渚或山林分布，故以"江湖地""山林地""傍宅地""村庄地"园林较有特色，多呈现出外向而含蓄的特点。杭州的园林选址，与古时杭州独特的地理环境有关。一方面杭城与湖山联系紧密，另一方面杭城与平原水网联系紧密。杭城的东、南两面濒临钱塘江，沿江平原上有田畦、水塘、林木、村庄与市镇，旧时分布有园林。如画家金农自述"家有田几棱，屋数区，在钱塘江上，中为书堂，面江背山，江之外又山无穷"，是一座集"村庄地""江湖地"特点的园林。而杭城以北平畴千里、水网密布，是典型的江南平原水乡。苕溪与京杭运河构成河网骨架，其间湖荡延绵、港汊纵横、芦苇密布、村庄毗邻、市镇繁盛，旧时有西溪山庄（高庄）、洪钟别业、秋雪庵、流香溪、拱宸桥高家花园等园林。

而湖山与杭城的联系对园林营造的影响更大。杭州古城为南北长、东西短的"腰鼓城"结构，明清时期设十座城门，城内山水萦绕。天目山脉自西向东延绵，到达西湖附近时分作两脉，北岸有宝石山，南岸有吴山。吴山山脉由伍公山、吴山、紫阳山、云居山等组成，入城后改作南北走向，有支脉向杭城延伸，形成山体与平原市井犬牙交错的格局。吴山在明清时期名"城隍山"，山上庙宇林立、民居集聚，时人借助自然山体营造园林。

除吴山外，杭州城内零星分布着单独的小山丘。杭人因其低矮，形似躺卧在地上的犬只，故命名"狗儿山"。宋《咸淳临安志》卷22"城内诸山"云："狗儿山，在城内丰乐桥之南。"明《西湖游览志》卷14载清波门内旧有螺狮山巷有"螺狮山，一名狗儿山"，表明旧时城内有多处"狗儿山"。今日杭城内的"狗儿山"多已无存，仅存的"狗儿山"是荷花池头巷西的勾山。《咸淳临安志》卷8有载："竹园山，在府治之西南，吴山一脉独趋而北隐隐隆起，阴阳家以为今治所之主山，赵安抚建阁其上，平鉴西湖，扁曰竹山阁，理宗皇帝御书。"到清代陈兆仑成为园主，以"狗儿山"名称不雅，遂改名"勾山樵舍"，其孙女是

《再生缘》的作者陈端生。旧时园内碧水一泓，绿竹环抱；小丘横亘，下瞰西湖，为闹中取静之处。

旧时杭城内人口密度不均匀，东河到贴沙河之间的区域，人口密度相对较低。此间古木芳草、水塘毗连、环境清幽，适合营建园林，号称"钱塘第一"的私家园林金衙庄就坐落其间。元末明初，名医范思贤购得庆春门南百余亩土地为蔬园，其间林水茫茫、鱼鸟做伴，已有园林雏形。由于此处东临城墙，所以范思贤自号"东皋隐者"。明末万历年间，时任湖南督学的杭人金学曾致仕后，效仿范思贤隐居城东，在范氏蔬园南部的基础上建造金衙庄。金衙庄占地面积近80亩，东到城墙（今环城东路），南至下马坡巷南口附近（今解放路），西达马坡巷，北抵横河（今大河下附近）。今解放路大转盘的花木，为金衙庄园林遗迹。清初的洪昇在《过皋园》诗中写他所见的园景："翠添三径竹，红吐半池荷。"另外杭州曾有构思奇巧、现已不存的园林，武林路小车桥一带曾为浣纱河，有处宅园临河而建，进门后为庭园，前部有假山花台种植花木，后部为厅堂，墙角处种植芭蕉与蜡梅。沿河墙上开窗，既借景浣纱河的景物，又利用阳光照射水面时的反射，将光线映射到对面墙上，在墙上形成流动的涟漪，宛若一池活水。[1]

现存杭州园林按归属划分，有皇家园林、私家园林、公共园林、书院园林、寺观园林、馆社园林、祠堂园林等。代表性的皇家园林有孤山行宫、文澜阁；代表性的馆社园林有西泠印社；代表性的祠堂园林有岳王庙、张煌言祠、于谦祠（祠堂巷与三台山）。其中，又以寺观园林、公共园林、私家园林较有特色。

杭州寺观园林主要分布于西湖北山、南山沿线及三天竺到梅家坞一线，现存寺观园林有灵隐寺、法喜寺、法净寺、净慈寺、弥陀寺、龙井寺、虎跑寺、玛瑙寺、黄龙洞、抱朴道院、玉皇宫等。杭州公共园林主

---

1. 此处为毛雪非老师记忆中的小车桥宅园，似对今日造园有启发意义。

要分布于西湖及周边群山中，个别公共园林与寺观园林连为一体。现存公共园林有三潭印月、平湖秋月、苏堤春晓、云栖竹径、玉泉鱼跃等。杭州私家园林主要分布于杭州老城、西湖与西溪，而最有杭州地方特色的园林是湖庄。湖庄多沿湖分布，现存湖庄多数被拆去围墙，原貌不甚清晰，主要有郭庄、蒋庄、刘庄、汪庄、罗苑、镜湖厅、魏庐、小南园等。湖庄多因地制宜、各有借景，又有机地融入西子湖山。除湖庄之外，杭州老城内还保留有众多小园林，如芝园、小米园、方谷园、丁家花园、高家花园、吴宅等。此外，尚存阅古泉、月岩、金衙庄、勾山樵舍、高庄（红栎山庄）、金溪别业、俞庄、许庄等园林遗址。

# （15）郭庄

西子湖畔，卧龙桥头，碧溪托起一处白墙黛瓦的梧桐院落，这是被誉为"西湖古典园林之冠"的郭庄，也是杭州保存得较好的私家园林。郭庄占地近10000平方米，平面呈南北延伸的矩形，园林分东、西两部分。西部由南往北依次为"静必居""浣池""镜池"区域；东部由南往北依次为"乘风邀月轩""景苏阁""赏心悦目亭""临湖平台"区域。

郭庄的"入口"在卧龙桥北，从台阶走下（杨公堤路面高于园门），可见粉墙上有一斗三升的"砖雕门楼"，刻着陈从周先生题"汾阳别墅"四字。

首先进入的是静必居区域，为西宅东园格局。入门厅右转可见一月洞门，上题"舍藏"二字，内有"小景"：粉壁疏窗，翠竹数竿；湖石布地，石笋耸立。再左折可见幽邃"长廊"，远处门外可见矮墙花木，而廊上开空窗，可见"浣池"一角，园内水木清华，引人入胜。

往前为住宅部分静必居，是昔日郭庄主人的起居之处，亦名"汾阳精舍"。主厅"梅清松古斋"坐南朝北，面阔三间，硬山顶建筑，上悬"香雪分春"匾，厅前有"蟹眼天井与临水长廊"。

郭庄砖雕门楼"入口"

入口"小景"

郭庄入口"长廊"

"梅清松古斋"前"蟹眼天井与临水长廊"

厅后为四合院，厅堂呈前后中轴排布，厢房则为左右对称，是典型的杭州民居建筑。主堂"西山爽气堂"坐南朝北，面阔三间，硬山顶，被梧桐、香樟衬托，于严整中显露活泼。院中石板铺地，有一小"方池"，石栏环绕，池内栽荷，使院落方正娴雅，饶有生趣。静必居经廊桥往东，为其附属花园。花园以湖石"假山花坛"为中心，其附近栽种梅、竹、松、桂等寓意高洁的植物。一到早春，梅香竹翠，正合主厅"香雪分春"之意。

"西山爽气堂"与"方池"

　　静必居区域往北，是浣池区域。此区以建筑、花木、水池为中心，湖石护岸，石峰点缀。

静必居附属"假山花坛"

浣池四面皆为木构建筑，却并不雷同：池东为六角亭"浣藻亭"，亭边环列石峰，栽植红枫、瓜子黄杨等；亭后为景苏阁，绕阁四周有矮墙，墙上开窗，阁后有临湖平台。池南为"静必居前部游廊"，廊壁上开方形空窗与月洞门，透过门窗可见主厅梅清松古斋。池西为"凝香亭"，与浣藻亭隔浣池相望。凝香亭由"游廊"与静必居相接，游廊转折处设台阶伸入水中。池北为两宜轩，临轩有樟树、石峰，轩中部有水榭向浣池突出。景苏阁往北是赏心悦目亭，粗看之下不过是一座修在假山上的园亭，细看则会发现浣池之水经假山下的"水洞"与西湖相连，因得活水滋养，故浣池之水常年碧澈。

"浣池"东"浣藻亭"与"景苏阁"

"浣池"南"静必居前部游廊"

"浣池"西"凝香亭"与"游廊"

"浣池"北"两宜轩"水榭

"赏心悦目亭"与"水洞"

　　镜池区域以方池为中心，建筑、花木起衬托作用。镜池池水面积广阔，由条石砌岸，池中架石砌折桥卧波桥直通后门，池景幽静而舒展。池东为桂花、天竺点缀的"沿湖矮墙"；墙外是临湖平台，为旧时泊舟处。池南为中轴对称的两宜轩，粉墙黛瓦，素木透窗，隐隐然可望见另一头的浣池园景。

"镜池"东"沿湖矮墙"

"镜池"南"两宜轩"

池西为临水游廊"翠迷廊",游廊起于南端碑亭"如沐春风亭",止于北端扇面亭"迎风映月亭",廊道较平直,稍带转折,却清新脱俗。如沐春风亭内存陈从周先生撰《重修汾阳别墅记》碑刻,为纪念其人又名"梓翁亭"。

"镜池"西"如沐春风亭""翠迷廊"与"迎风映月亭"

池北为"园墙"与"后门",有"曲折石桥"连接后门,园墙下植桂花,墙外水杉、香樟郁郁葱葱。

园林东部滨湖,正对着苏堤。乘风邀月轩区域位于全园东南角,以面阔三间、卷棚顶木构轩堂建筑乘风邀月轩为中心,其外平台借景金沙港与"西湖"。乘风邀月轩区域往北是景苏阁区域,以二层楼阁景苏阁为中心,其外平台三面临水,凸出湖面,旧时客人可泊舟于此,亦可在此赏月。

"镜池"北的"园墙""曲折石桥"与"后门"

"乘风邀月轩"

景苏阁与外平台之间的"月洞门"上方，内题"枕湖"，外题"摩月"，点明此处以湖景、月景为胜。景苏阁区域往北是赏心悦目亭区域。赏心悦目亭坐落于湖石假山上，正对苏堤上的"压堤桥"。山下水洞内装有铁制水门，园主既可将自家舟楫停泊园内，也可泛舟湖上。赏心悦目亭区域往北有较细长的临湖平台，置以石桌、石凳。

"景苏阁"与"月洞门"

现存郭庄与旧时有一些差别。民国旧照显示，当时的郭庄里曾有一座仿西式石库门建筑，位于今日静必居附属园林的位置上。再如景苏阁原为两层带马头墙的硬山顶楼阁，现已无马头墙；浣池畔原有船厅，现已无存；浣池边建筑原为红黑色搭配，现改为纯木色与白色粉墙搭配；"浣藻亭"原为四角形方亭，现为六角形亭子；镜池边原有折中式建筑现为绿地，池边现增筑有游廊与扇面亭。

"景苏阁"前月洞门望外平台与"西湖"

园外望"赏心悦目亭"

郭庄北部"临湖平台"

　　总体上郭庄构思巧妙含蓄，若不细细品味，游人不会感受到造园者的匠心独运。郭庄在选址上属"江湖地"，理水是该园的一大特色。童寯在《江南园林志》里评价郭庄："雅洁有致似吴门之网师，为武林池馆中最富古趣者。"此处"雅洁有致"指的是郭庄"浣池"与网师园"彩霞池"均以不规则池岸著称。陈从周分析"此园不仅汲取了苏州园林的建园手法，而且有许多景致具有绍兴特色"。他认为郭庄兼具现存苏州、绍兴园林的风格特点，是因为"浣池"的不规则池岸接近苏州园林的风格，"方池"、镜池的规则池岸接近绍兴园林的风格。

　　若放在更广阔的园林史视野去观察，郭庄以水景为中心的造园特色，主要继承自南宋以来杭州园林的传统。从现存南宋画作《水殿招凉图》《深堂琴趣图》与后人摹《西湖清趣图》来看，南宋时期的杭州湖上园林多以建筑为中心，花木繁茂、石峰矗立、池岸方折。在园林史晚期，绍兴园林与苏州园林的发展走向不同的方向，而杭州园林既保留了其传统特色，又吸收了苏州园林的有益养分。但也要看到同时期苏州园林也吸收了其他江南城市园林的有益养分，像苏州可园就吸收了西湖小瀛洲"我心相印亭"的园林特色。由此可见，江南古典园林的发展不是一成不变，而是动态变化、相互借鉴的。

郭庄的水池数量较多却不零散，得益于其西部由南往北有一条弱中轴线，并在轴线的中部"浣池"处有微转折，在游园者肉眼难以察觉的情形下完成空间的转变，使池面不至于过分方整，并产生一定的形状变化。如位于"西山爽气堂"前的天井内方池面积较小，形态近似花坛，池景细腻且微观。"浣池"面积适中，四面有轩、阁、亭、廊等建筑合围，以湖石驳岸，池景幽静而舒展。"镜池"面积较大、空间开阔，以条石驳岸，池岸方折可衬托自然花木之妍美。自此郭庄的水池由小到大、层层推进，一直过渡到西湖的庞大水面。同时，建筑对不同区域水面的分割与连接起了重要作用。"两宜轩"不仅分割了"浣池"与"镜池"，而且巧用玻璃的通透性，使两池相互借景。再如由"梅清松古斋"望去，"景苏阁"与"赏心悦目亭"一起遮挡住后方的西湖，不至于很快泄露园内佳景。再像"景苏阁"朝"浣池"的墙上开空窗，透出"浣池"一角。而朝西湖的一面围墙亦开空窗，与月洞门一起透出西湖景致。

除理水外，郭庄的"借景"艺术手法运用娴熟。陈从周撰《重修汾阳别墅记》对其有如下阐述："园外有湖，湖外有堤，堤外有山，山外有塔，西湖之胜汾阳别墅得之矣。""借景"艺术手法易见效果的是"城市地"园林，因其被繁密的建筑所包围而用地局促，很难营造出感官上真实而宏大的感觉，所以用"借景"的方式可以制造出空间的无限感，如苏州拙政园就用"以小见大"的方式借景北寺塔。郭庄面积虽不大，但借景范围却更大。其东借西里湖、苏堤六桥、水上舟楫之风物，南借丁家山、吴山城隍阁、紫阳山、雷峰塔之南山景致，西借杨公堤、杭州花圃之树木，北借宝石山、保俶塔、曲院风荷之北山景物。郭庄得天独厚的地理位置，常使游人感觉不到借景艺术手法的存在，但墙体的细节揭示出造园者的良苦用心。像西墙、北墙紧邻杨公堤道路与新造屋宇，墙体高度中等，遮掩住往来的汽车行人与不协调的建筑物，露出高大的树冠，使园景显得厚实且富于变化。再像东墙、南墙紧邻西湖与金沙港，墙体高度较低，游园者可隔墙眺望西湖与南侧金沙港水景。

郭庄以水景为中心，假山、石峰的叠砌反而不如水景突出，并不是说造园者不会叠山。从"浣池"边石峰与"赏心悦目亭"水洞假山的叠砌来看叠山水平是较高的，表明造园者对叠山置石处理得很克制。因为在真山真水间叠砌假山，即便形似真山也会显得不够自然，会陷入"背山无脉""非其地而强为其地"的窘境。

另从园外看郭庄园林建筑，其尺度适中、比例和谐，岸线进退避让关系处理得精到，与湖面、林木、山脉融为一体，成为西湖风景的有机组成部分，又是郭庄园林的一大特点。从"杨公堤卧龙桥"上望郭庄，有如漂浮于水上，又像后门外架一石桥飞渡水面，有滨湖水乡之风情，令人顿生访园之心。

苏堤上远眺郭庄

"杨公堤卧龙桥"俯瞰郭庄

郭庄后门外石桥

西湖西岸在太平天国运动前有大量园林，之后多毁于战火。郭庄始建于1907年，是东街路（今建国北路）宋春源绸庄老板宋端甫的别业，原名"端友别墅"，民间称"宋庄"。民国时宋家衰败，被抵押给清河坊孔凤春香粉店。1922年初又转售于郭士林，郭士林以郡望"汾阳"命名为"汾阳别墅"，民间称"郭庄"。之后的郭庄几易其主，园林荒废，建筑被挪为他用。1986年，陈从周先生主持修缮郭庄，将近代以来的特征抹去，形成今日园貌。

# （16）文澜阁

文澜阁园林以园内清代皇家藏书楼"文澜阁"而得名，是等级有序、中轴对称的园林建筑群。它位于西湖之滨、孤山南麓，整体坐北朝南，背对孤山而面朝西湖，可眺望湖中三岛，可谓山水形势极佳。文澜阁园林现为浙江省博物馆孤山馆区的一部分，其园林分布于建筑之间。园林建筑群分东、西两路轴线分布，西路轴线上，由南往北依次为"正门"、"垂花门"、"大假

"正门"

山"、"御座房"、游廊、"仙人峰"与"文澜阁"，景物繁多，是园林的主体部分；东路轴线上，由南往北依次为"罗汉堂"、"太乙分青之室"、游廊等，园景松散。

文澜阁园林正门前为孤山路，东邻浙江省博物馆展区，西近中山公园（清行宫）。正门乌墙黛瓦，下设褐色木门，上刻篆书石刻"西湖博物馆"。

入正门后为宽阔的第一进院落，青石板、冰裂纹碎石铺地，空间开阔而疏朗，院中石砌花坛种香樟与蜡梅。两侧厢房严整对称，木结构部分涂绿。厢房与南园墙角处设月洞门，构成既严整又活泼的布局。

院落北部为第二进院落的垂花门，垂花门坐北朝南，面阔三间，单檐硬山顶。垂花门通常在北方四合院中为内宅入口，在江南地区较为少见。

第二进院落"垂花门"

垂花门后一座大假山兀然横亘，山体东西向延绵，如照壁般遮挡住后部御座房的屋身。御座房仅露出房顶的明黄色琉璃瓦，显示出这座殿宇不凡的皇家地位。大假山以湖石叠砌而成，磐石似狮类虎，聚散有致。山上有东台、西峰，东台上有石砌"月台"，可远眺湖面风景；西峰上有木构"趣亭"，台峰上嵌有乾隆帝诗碑，可俯瞰园内景致。

"御座房"南的"大假山"

"月台"

"趣亭"

大假山内部有多条通道，连接假山上下与其他建筑。沿园墙处栽植罗汉松、龙爪槐、芭蕉、枇杷、麦冬等植物，并散置湖石与大假山呼应。

大假山北为御座房，坐北朝南，面阔五间，重檐歇山顶，明黄色琉璃瓦覆顶。御座房东有湖石驳岸的溪流，连接第三进院落的大池与"月台"下的墙角池水。

御座房后为"第三进院落"。此院落以大池为中心，池形平面近似方形，北面条石驳岸，其余三面为湖石驳岸，其西南角由湖石垒叠成半岛石山，其东南角有溪流连接月台。池中心有"仙人峰"兀立，仙人峰又名"美人峰"，由数块湖石拼接而成，如人似云。池北为主体建筑"文澜阁"，坐北朝南，外形为两层楼阁，面阔七间，重檐歇山顶，黑、绿两色琉璃瓦覆顶。

"第三进院落"

"仙人峰"

阁内三层，按柜整齐码放收藏的《四库全书》。阁前对植桂花，栽种罗汉松，设铜鹤、铜香炉各一对。文澜阁东为光绪御碑亭，四方攒尖顶，亭内立光绪五年（1879）由时任浙江巡抚谭钟麟所刻御碑，碑阳刻光绪帝御题"文澜阁"，碑阴刻谭钟麟所书碑文。池东为"乾隆御碑亭"，重檐歇山顶，上覆黄色琉璃瓦，碑阳刻乾隆帝御书，碑阴刻谭钟麟所书碑文。池西游廊西靠园墙，其中段设半坡小亭，可东瞰大池。

"文澜阁"

"乾隆御碑亭"

东路轴线上，南部为罗汉堂庭院，北部为太乙分青之室庭院。罗汉堂庭院东部有游廊，连接御座房。罗汉堂坐北朝南，面阔五间，单檐硬山顶。该庭院中轴对称，周围绿地上湖石为峰，栽植海棠、桂花、枫树、丛竹、芭蕉、蜡梅、龙爪槐、樱花、石榴等。此庭院中轴以砖石铺砌路径，庭内绿地上对植枫树，往西通往文澜阁。

"罗汉堂"

太乙分青之室坐北朝南，面阔五间，单檐硬山顶。因文澜阁是旧时太乙宫的基址，"分青"为东方之意，故得室名。

文澜阁不仅是藏书楼园林的典范之作，也是杭州园林南北文化交融的产物。因此，文澜阁园林既有南方文人园林的幽雅静谧，又有北方皇家园林的对称严整，集端正与清幽于一体。如礼制在建筑上的反映，讲究对称与中轴线。文澜阁园林的色彩关系丰富，如外墙的黑白色搭配，与杭州本地的园林民居风格相近；第一进庭院中建筑的木构部位涂以绿色，御座房、御碑亭饰以黄琉璃瓦。文澜阁的黑、绿色琉璃瓦还象征流水和树木，此类颜色在古人看来有避火的寓意。

"太乙分青之室"

　　文澜阁作为藏书楼园林，其兴衰与所藏《四库全书》的命运息息相关。历史上浙江的古藏书楼很多，保留下来的却寥若晨星，但没有一处藏书楼能够像文澜阁一样，上承康熙帝的《古今图书集成》与乾隆帝的《四库全书》，下接著名藏书家丁丙、丁申兄弟。因此，文澜阁的历史也是浙江藏书史的重要一页。乾隆三十八年（1773），乾隆帝设馆编修《四库全书》，是中国古代编修的最系统、最全面的大型丛书。为长久地专业收藏《四库全书》，令杭州织造寅著到宁波天一阁调查藏书楼的庋藏方式与园林构造。乾隆帝于乾隆三十九年颁发的上谕有："闻其家藏书处曰天一阁，纯用砖甃，不畏火烛，自前明相传至今，并无损坏，其法甚精……今办《四库全书》，卷帙浩繁，欲仿其藏书之法，以垂久远。"并于同年建承德避暑山庄的"文津阁"；乾隆四十年建北京圆明园的"文源阁"；乾隆四十一年建北京故宫的"文渊阁"；乾隆四十七年建沈阳故宫的"文溯阁"，共四座皇家藏书楼，统称"北四阁"。后又于乾隆四十四年建镇江金山寺的"文宗阁"；乾隆四十五年建扬州大观堂的"文汇阁"；乾隆四十九年始建杭州孤山行宫的"文澜阁"，统称"南三阁"。其中六阁的命名均有"三点水"旁，盖因藏书楼惧怕火灾的缘故。唯独"文宗阁"例外，因阁所在的金山寺在长江上，又有乾隆帝效法祖宗的意涵。

文澜阁建成后，收藏了《古今图书集成》与《四库全书》，并于乾隆六十年（1795）对民众开放。可惜在咸丰十一年（1861），文澜阁在太平天国与清军的战火中倒塌，《四库全书》散失。当时，藏书家丁丙、丁申兄弟排除万难、变卖家产，到文澜阁废墟中找寻遗留的《四库全书》。并把散失、残缺的书籍收集、补抄起来。光绪六年（1880）时任浙江巡抚谭钟麟重建文澜阁，次年完工。辛亥革命后又几经补抄，文澜阁的《四库全书》不仅恢复旧观，还有所增益。因此，文澜阁成为清代七大皇家藏书楼中唯一保存下来的南方藏书楼。民国时期，文澜阁成为新设浙江省博物馆馆址，文澜阁藏《四库全书》成为浙江省图书馆的镇馆之宝。新中国成立后，文澜阁经过多次维修，基本恢复了晚清时期的风貌。

# （17）西泠印社

西泠印社不仅是文人雅士研究金石篆刻的"天下第一名社"，其社址更是一处著名的馆社园林。印社位于孤山南麓，东至楼外楼，西接俞楼，北邻北里湖，南面西外湖，因临近古西泠而得名。印社占地面积7088平方米，建筑总面积1750平方米。印社平面为南短北长的梯形，由南部的"柏堂"、中部的"山川雨露图书室"、北部的"观乐楼"、西部的"还朴精庐"等区域组成。

孤山路西段梧桐成荫，路北的小段粉墙开方形梅纹漏窗并开月洞门，门上嵌书家沙孟海行楷"西泠印社"石刻门额，为印社的"正门"。月洞门内为南部的"柏堂"区域，是面积较小的庭园。庭园中部为"莲池"，又名"小方壶""莲泉"，为湖石驳岸，岸壁青苔滴翠、藤萝遍布；沿池种香樟、枫树、麦冬等；池中立湖石孤峰，正面镌刻大篆"莲泉"。

西泠印社"正门"

　　池北柏堂坐落于高台之上，是此区主厅。柏堂坐北朝南，面阔五间，单檐歇山顶，因旧有古柏而得名。门楣悬首任社长吴昌硕篆书黑底绿字匾额"西泠印社"，柱悬胡宗成撰、沙孟海行书白底黑字楹联"旧雨新雨西泠桥畔各题襟溯两汉渊源籍征鸿雪，文泉印泉四照阁边同剔薛揾孤山苍翠合仰名贤"。

"莲池"与"柏堂"

堂内悬俞樾隶书白底黑字题额"柏堂"，并悬许奏云撰、简琴斋隶书黑底白字楹联"大好湖山归管领，无边风月任平章"。另有方介堪撰写隶书木底绿字楹联"访三老碑亭东汉文留遗迹在，问八家金石西泠社近断桥边"。以上匾额、楹联不仅点出印社景点，还表现了社人的风雅。

堂内陈列仿明清家具，并悬挂图文介绍印社历史。堂前平台开阔舒展，台上对植二柏。在此可近瞰"莲池"鱼藻，中观园墙下石笋花木，远眺西湖南山、岛屿、苏堤等。池东的香樟下有湖石平桥，桥下溪流汇集园中雨水入池。池"南园墙"下有湖石花坛，内植天竺、麦冬，矗立石笋。池西为"竹阁"与"印廊"，两建筑相毗连。

竹阁坐西朝东，面阔三间，是单檐歇山顶的小轩。其名称来自唐代白居易在孤山修建的"竹阁"，故在墙角种植黄竹一丛。其内悬诸乐三篆书"竹阁"白底黑字匾额，两旁悬白底黑字楹联为丁上左撰、王个簃行书"以文会友，与古为徒"。"印廊"单坡屋面，廊内墙上展示文彭、邓石如、赵之谦等治印名家的印蜕。

莲池与"南园墙"

"竹阁"与"印廊"

　　柏堂东侧，有条石平桥过溪，为东园墙下的"印人书廊"。廊为复廊形式，中段设有水榭半跨溪上，一面凭栏临溪，另一面的墙上嵌有社员书法石碑，故名。石碑中有知名书家如吴昌硕、马衡、张宗祥、沙孟海等作品。堂、廊间为湖石驳岸的溪流，沿溪植紫薇、天竺等。

"社人书廊"

柏堂后为"悬崖"陡坡，分作数层，上生山茶、桂花、棕榈、竹子等，一到夏季野趣横生。此处看似"山穷水尽"，实则三条登山道路使园林柳暗花明。

"柏堂"后"悬崖"

东道隐于墙角、坡度较陡，可达"宝印山房"。中道与柏堂后门遥对，与东道交会于宝印山房。西道入口处的"前山石坊"是西泠印社标志性园景，石坊横楣上刻张祖翼隶书"西泠印社"，坊柱刻丁仁撰、叶铭篆书楹联"石藏东汉名三老，社结西泠纪廿年"。

坊旁有青石雕刻仿龟钮章，镌有"金石寿"。坊下岩壁青苔斑驳，上刻楷书"渐入佳境"，提示后方园景更为优美。西道蜿蜒盘桓，可达竹林旁的"石交亭"。亭名取"结交金石"之意，为毛杉木材质六角亭，上覆茅草，显得古朴。内悬赖少其隶书亭额，并设石桌凳。亭北山岩上刻李伏雨横列篆书"静观"，提示此处可静观园景。

"前山石坊"

"石交亭"

中部的山川雨露图书室区域，是自西向东排列的一道轩廊建筑群，依次为"山川雨露图书室""仰贤亭"与游廊、"宝印山房"。

山川雨露图书室是一座面阔三间的建筑，旧时为社员聚会之所。内悬翁方纲隶书黑底白字室名匾额，两柱悬陶在宽行书楹联："湖胜潇湘，楼若烟雨，把酒高吟集游客；峰有南北，月无古今，登山远览属骚人。"室东隔着通道的是仰贤亭，这是一座半封闭亭室。西月洞门楣为赵朴初书"仰贤亭"，南墙悬沙孟海书"仰贤亭"匾额，东门悬王个簃书"仰贤亭"匾额。亭壁上刻丁敬、赵之谦等印人的写真石刻和题跋，亭南有小片假山如墙似垣作障景之用亭西外壁嵌张景星撰、王寿祺篆书《西泠印社记》石碑，北墙有《重建数峰阁碑记》石碑。

仰贤亭东有曲廊与宝印山房，内悬赵之琛书"宝印山房"匾额与唐云书"东壁图书府"匾额。朝南户外两柱悬李瑞清楹联："天地有正气，山水函清晖"，此联集文天祥《正气歌》与谢灵运《石壁精舍还湖中作》诗句。

图书室后部贴山壁下方，凿有一方小池"印泉"，又名"廉泉"。泉中清可见底、游鱼历历，山壁上刻有早期会员、日本人长尾甲隶书"印泉"。

"山川雨露图书室""仰贤亭"

"宝印山房"

"印泉"与"鸿雪径"

　　印泉往东有一段登山石径"鸿雪径"，径上设木质花架，其上紫藤攀援，阴凉舒适。径名出自苏东坡诗《和子由渑池怀旧》中"人生到处知何似，应似飞鸿踏雪泥"。鸿雪径傍崖壁上有"印藏"壁龛，原藏李叔同出家前所治印章93方，于1963年取出。

由鸿雪径拾级而上，抵达北部的观乐楼区域，园景豁然开朗。此区域以中部东西狭长的大水池为中心，水池平面呈细长葫芦形，葫芦形中间收腰处有石桥分隔成东部"闲泉"池面与西部"文泉"池面。文泉池北崖壁刻俞樾篆书"文泉"与款识、吴昌硕隶书"辛酉题名"、钟以敬篆书"西泠印社"等。"闲泉"之名承袭自宋代玛瑙坡的闲泉，今闲泉池为后人开凿。池东崖壁上刻张钧衡篆书"闲泉"；池北有贴崖小径，有三尺石桥锦带桥，因石材为苏堤锦带桥的旧石栏而得名，石栏朝池处刻楷书"锦带桥"。池北崖壁刻张钧衡楷书《闲泉记》文字、丁仁隶书"石渊"与款识、高时显隶书"规印崖"与款识。

闲泉池东为"题襟馆"，亦名"隐闲楼"，位于闲泉以东的山崖上。此馆由上海金石书画社团"海上题襟馆金石书画会"的会友吴昌硕、王一亭、吴石潜等集资修建，是社团在杭州的雅集场所。其外檐悬

"闲泉""文泉"与"剔藓亭"

金尔珍楷书"题襟馆"匾额，东壁嵌"海派"宗师任伯年绘《吴昌硕饥看天图》刻石、杨憩亭绘《赵㧑叔（赵之谦）小像》。另外，馆内嵌吴昌硕撰并行书《隐闲楼记》刻石、丁敬行书《砚林诗墨》刻石。

"题襟馆"

闲泉池南为"四照阁"，坐南朝北，面阔三间，单檐歇山顶建筑。阁址原在今"华严经塔"塔基，后迁于此。门悬谢稚柳楷书"四照阁"匾额，门柱上悬刘江篆书楹联"尽收城郭归檐下，全贮湖山在目中"。临湖柱上悬刘海粟书楹联"高阁山光仍四照，故人石壁亦三生"。虽名为阁，实为四面玻璃通透的高台方亭。在此可俯瞰西湖经典景物，如小瀛洲、湖心亭、南屏山等。

四照阁往西的崖顶为"剔藓亭"，为六边形杉木观景亭，其顶覆盖茅草，显得较为野逸。其名出自唐代韩愈《石鼓歌》中"剜苔剔藓露节角"，亦暗含寻找摩崖石刻之意，与印社宗旨契合。

"四照阁"

文泉池西为"汉三老石室"，因藏浙江余姚客星山出土的东汉《三老讳字忌日碑》而得名，此碑本有流失海外之忧，后被西泠印社募赎，为保护石碑于1922年修筑此石室保存，石室内还存吴昌硕撰并书《汉三老石室记》记述此事。石室仿五代吴越国阿育王舍利塔（宝箧印经塔）的形态，重檐攒尖顶。石刻门匾为冯煦楷书，石室东面柱上刻丁上左撰、黄葆戊篆书"竞传炎汉一片石，永共明湖万斯年"，张钧衡楷书"我思古人有扁斯石，其究安宅莫高匪山"。石室北面柱上刻胥云龙、朱景彝题隶书"东汉文章留片石，西泠翰墨著千秋"。

汉三老石室东为"丁敬坐像"，原为丁仁得于杭州城南九曜山的人形怪石，后丁仁令石工以此石造高六尺的"丁敬坐像"。

文泉池西北为"观乐楼"，坐北朝南，面阔五间，单檐歇山顶。观乐楼是吴善庆为纪念吴氏先祖季札而建，其名由季札出访鲁国观乐的典故而来。吴善庆是西泠印社创始人之一吴隐的重孙。此楼曾为首任社长吴昌硕居住过，现为吴昌硕纪念馆。一楼东墙附近立王福庵篆额、夏丁仁撰、吴昌硕隶书、叶铭刻《西泠印社新建观乐楼之碑》。

"汉三老石室"

"观乐楼"

"汉三老石室""观乐楼"与"华严经塔"

"文泉"池北山间有"华严经塔""小龙泓洞""缶龛",带有山林趣味。华严经塔矗立于原四照阁旧址上,八角十一层、檐角悬铃、风过声泠。塔高近10米,为印社建筑制高点,亦为印社标志之一。每层塔身镌线刻与文字,有圣因寺十八罗汉像、金农书《金刚经》、周承德书《华严经》、李叔同书《西泠华严塔写经题偈》等。

小龙泓洞是开凿于孤山山体中的石洞,可直抵后园门。洞口前方有社友金鉴遗物石制奕隐遗枰,上刻高云麟题书。洞口西南立"皖派"篆刻大家"邓石如石像"。洞内有隶书"小龙泓洞"石刻、叶为铭隶书《小龙泓洞记》、33人题名的隶书"壬子题名刻石"、王一亭绘吴昌硕题款《送子观音像》线刻。

缶龛是模仿洞窟、开凿于崖壁上的石龛,龛内陈列吴昌硕铜像,取吴昌硕号缶庐而得名"缶亭"。吴昌硕铜像最初由朝仓文夫创作,今铜像为后来恢复。龛外岩壁刻王一亭楷书"缶亭"题额与楷书楹联"金仙阅世,石室遁形",龛下岩壁刻诸宗元撰、朱孝臧书《缶庐造像记》与沈寐叟撰并书《缶翁像赞》。

"邓石如石像"、"小龙泓洞"与"缶龛"

穿过小龙泓洞右转向东，是高大的建筑"鹤庐"，底层石砌，上层砖木结构。鹤庐上层有圆形小门与"题襟馆"衔接。从"鹤庐"底层左转向北，是园林后门。其北面门楣刻吴让之隶书"鹤庐"，门柱上刻观津老人哈少甫撰、清道人李瑞清书联："梅鹤为邻，小坐依然图画；莼鲈下酒，故乡无此湖山"，上、下联第二字连读"鹤鲈"谐音"鹤庐"。后门外回望鹤庐，其形态若古代边关要塞，配上陡峭的登山石径，有"一夫当关，万夫莫开"之险峻。

"鹤庐"

　　此处登山石径原连接北里湖港湾，径两侧青松夹道有红枫点缀，杜鹃遍地。石径中段设一座"石坊"，形象与前山石坊相似。后山石坊向北朝湖一面刻隶书"西泠印社"，柱上刻对联云"印传东汉今犹昔，社结西泠久且长"。石坊向南一面刻，康有为行书"湖山最胜"，两侧对联："高风振千古，印学话西泠。"

门外回望"鹤庐"

后山"石坊"

　　观乐楼向西为西部的"还朴精庐"区域，这里分布着"遁庵""还朴精庐""潜泉""小盘谷"等园景。遁庵坐北朝南，面阔三间，单檐歇山顶。堂柱悬张祖翼隶书联："既遁世而无闷，发潜德之幽光。"庵名取自创始人吴隐的别号。遁庵西南为还朴精庐，其平面为梯形，坐西朝东，面阔四间，单檐歇山顶。社长吴昌硕篆额题记"以还朴名之"，故名。堂柱悬吴昌硕篆书四言联曰："君子好遁，弥勒同龛。"

　　"还朴精庐"向西的石壁下方，有座"鉴亭"，其结构特殊，是座石柱木梁、上覆青瓦的亭子。内悬朱祖谋楷书匾额"鉴亭"，亭柱刻叶为铭隶书七言对联："乐石吉金以为鉴，苍官青士伴斯亭。"亭内东壁大型湖石上，刻修亭人吴善庆撰《鉴亭记》。湖石上另刻有吴隐撰、吴昌硕篆书对联："揽景鉴湖同，鸥鹭尽堪寻旧侣；成仁泰山重，松筠犹自仰清风。"

"遁庵"

　　"遁庵"往北的峭壁下为"潜泉"，为吴隐的号之一，泉东崖壁上刻有隶书"潜泉"，泉西石上篆刻"水国长春"。泉北池壁刻吴昌硕篆书《潜泉铭》与吴隐隶书《潜泉题记》，其上青苔斑驳、字迹漶漫，泉内曾生淡水母。泉北坡立苍苔秀草环绕的石刻吴隐坐像，宛若俯瞰赏泉。

"鉴亭"

"潜泉"

遁庵往东为"小盘谷",谷北有岁青岩,谷南为翠竹交柯。小盘谷之名源于唐代文学家韩愈的《送李愿归盘谷序》,有归隐林泉之意。岁青岩是近一人高的赤色磐石,石上刻有吴隐行书"隐闲"。岩上有"阿弥陀经幢",为六角形攒尖顶石柱经幢,高一米有余,由吴隐之子吴熊资造。"小盘谷"往东南而下为印泉,园林游踪至此结束。

西泠印社在结构上不同于江南私家园林,但又遵循了中国传统园林的一般结构模式。像江南私家园林通常为前宅后园的结构,前部为礼制性的居家建筑,后部为园林;而印社园林前部为礼制性厅堂,与后部属于同一园林体系。西泠印社在选址上属"山林地"园林,明人计成认为"园地惟山林最胜,有高有凹……自成天然之趣,不烦人事之工"[1]。

"小盘谷"

---

1.[明]计成,胡天寿.园冶[M].重庆:重庆出版社,2009:25.

计成还认为，在此地形上建园，应在低洼处挖掘池沼，在高耸处营造建筑，印社园林的修建基本符合这种造园方式。除山脚、山腰与山顶的平地外，其余地面多有坡度。而相对独立的三块平地空间，使园林容易产生割裂感。同时三块平地的面积较小，如何组织安排园景，考验设计者的智慧。如山脚为庭院结构，在中轴线上保持纵向对称感的同时，两侧建筑景物也呈现出非对称性。山腰以游廊连接各建筑，作横向分布。山顶以水池为中心，建筑多沿山体的边缘分布，有楼、阁、塔、亭等，在视觉上形成了丰富的层次变化。

印社对山体的处理，在江南园林中较为罕见。印社所在的孤山，本为天然红砂岩山体，以叠山、凿山等方式营造山景。如"柏堂"后悬崖陡坡处以小块黄石叠砌护坡与道路，既保护了山体又增添了景致。如"小龙泓洞"意拟灵隐飞来峰的天然溶洞"龙泓洞"，因为是人工开凿并为赤红色，故而景致别具一格。再如"小盘谷"似谷非谷，部分凿成谷道石梯，部分作叠石护坡。又如湖石立峰、湖石花坛的形式，与其他江南园林相似。特别是凿石为峰、穿岩造洞的做法，增添了山体的气势，还方便了园内交通。

由于印社所在的孤山南麓雨水丰沛、湿度较大，故对雨水的引流疏导就尤为重要。西泠印社面积虽仅有十亩，但各区域多有水池、泉眼或渠道分布。水池多为不规则形状，顺地势高下分布。渠道主要分布于山脚，形态狭窄而高深，并由暗渠通向西湖。

印社因山而建，山腰、山顶的入口处设有先导建筑，远看山穷水尽，近看柳暗花明，使游园过程极富变化。其建筑密度适中，保留了原有天然的山林感，又合理地安排了建筑物的分布。花木种植多遵循天然山林的特点，于活泼中显出秩序。如"柏堂"后山茶、桂树的栽植，有山林的厚实感，又有主次之分。印社所在的孤山因地处湖上，又得地形起伏之便利，故造园艺术手法以造景、借景为主。造景的代表有前山石坊、阿弥陀经幢、华严经塔等，点破了园林空间的单调之处。借景的代表有"四照阁""剔藓亭""小龙泓洞"等，因位于山巅故能借景西湖山水，使游人顿觉宏阔。

西泠印社作为民间艺术团体，以"保存金石、研究印学，兼及书画"为宗旨，使印社园林被打上了书画篆刻艺术的烙印，故更讲究诗情画意与金石篆刻的文化趣味。园内景物既浓缩了近百年金石篆刻研究与保护史，亦有印社印人的交往史。园内有建筑、景观是为保护金石而建，如"汉三老石室""印藏"石匣；有纪念印人的交往，如遁庵、缶龛、摩崖石刻等；也有与印学、印人直接相关的，如"印泉""宝印山房""印人书廊""印人印廊"等。文人结社是中国的文化传统，由魏晋南北朝时期滥觞，知名的如东晋慧远大师创立的白莲社，到晚清时期各种文人结社又兴盛起来。西泠印社因文人结社而成园林，从创社伊始，已有组织严密、结构完备的社约，成为印社持续发展的保证。西泠印社拥有固定的活动场所，而传统文人结社的活动场所多依附于佛寺、书院或私家园林，所以西泠印社的园林具有特殊的意义。

西泠印社创立于清光绪三十年（1904），建社至今不过110余年。此年，金石家丁仁、王褆、叶铭、吴潮于孤山"数峰阁"之侧聚会，他们因痴迷金石篆刻，有志于印学传承而共商创社事宜。四人有创社之功却不担任社长，而是推举吴昌硕为首任社长。由于对社长的推举本着"宁缺毋滥"的原则，所以在印社历史上，社长时有空缺。印社在春秋两季举办雅集，展出社员作品以供交流。

而印社园林不是一蹴而就的，先是在"数峰阁"附近买地建房、立约修契，于孤山顶修建"宝印山房""仰贤亭""汉三老石室"等，初步形成园林格局。后历经毁灭与重建。1982年初至1983年10月，由杭州籍社员、著名古建筑园林学家、书画家陈从周规划，对印社进行全面修整，并成为省级重点文物保护单位。2001年，印社成为全国重点文物保护单位。2006年，西泠印社成为国家级首批"非物质文化遗产"项目

"金石篆刻"的传承保护单位。2021年5月至2022年7月，对西泠印社进行全面修缮，园景出于文物保护的需要而有所改动。前山石坊附近的山茶、桂花经过修剪，枝杈间的通透感增强；"印泉"后方石壁除去杂木青苔，并仿石窟形态修建窟檐以保护石刻；"小盘谷"路南的竹木作整理，自此可俯瞰"宝印山房"等建筑。

十一　绍兴园林

# 概说

绍兴古称会稽、山阴、越州等。地处浙江省中北部，北依杭州湾，南接会稽山脉，杭甬运河穿城而过，南部为山脉与盆地，北部为平原、河湖与零星丘陵。因其历来名人众多，素有"名士之乡"的美誉。

绍兴园林的历史，可上溯到春秋时代。春秋末期，越王勾践在府山、阳堂山、塔山、火珠山、峨眉山、白马山等九座山丘地区始筑山阴小城，在小城以东筑山阴大城，以两城作为越国新都，为今日绍兴古城的前身。山阴城内延绵的山脉与缓丘，纵横的河道与池沼，为后世绍兴园林的兴盛提供了良好的选址。同时，勾践在城内外修建大量宫殿园林，成为绍兴园林的起源。春秋战国时期，礼崩乐坏、诸侯争霸，各诸侯国营造宏大华美的宫殿园林以供游乐，而高台园林建筑能炫耀国力。故而地处东南一隅的越国也概莫能外，修建有游台、望乌台、离台、斋戒台、贺台等高台建筑。如"越王台"曾为越国王宫，位于卧龙山（府山）东南麓，以天然山体为基，且居高临下，是全城的战略制高点。"越王台"非单纯的游赏或夸耀功能，而是地利，越国以此可防范吴国。古时在此处北望，滨海平原可一览无遗。后来卧龙山越国王宫旧址成为绍兴的府治，并因此得名"府山"。勾践营造的宫殿园林，多数具备政治、军事、生产功能。如犬山为勾践蓄养家狗的园囿，山上建有犬亭。所养家犬可作生育赏赐，《越绝书》中有"生丈夫，二壶酒，一犬"的记载；所养家犬又可作猎犬使用，《越绝书》中有"犬山者……畜犬猎南山白鹿，欲得献吴"的记载。犬山又有狗山、吼山的称呼，在后世成为一处郊野园林。而"美人宫"是越国教习苎萝山美女郑旦、西施的宫室园林。"乐野"是勾践游弋狩猎的园林，园内石室供勾践休息、谋划用。另外，《越绝书》载"勾践种兰（泽兰）于兰渚山"，为"兰亭"地名的由来。

秦始皇一统六国后，曾南巡至山阴会稽山祭祀大禹，并命丞相李斯作文以刻石记功，大禹陵后来成为著名的陵墓园林。汉代时的人们事死如事生，皇室贵胄在地下修建规模宏大的陵墓，在地上修建华美的陵墓园林。绍兴虽处于东南一隅，也受到当时主流文化的影响。《汉书·地理志》记载，汉文帝之母薄太后为祭祀其父，不仅追封其为"灵文侯"，还在山阴建"灵文园"。西汉太中大夫陈嚣在"会稽县东二里"的宅邸有"大竹园"，亦名"陈嚣园"，后成为竹园寺；汉末日南郡太守虞国在山间修有"虞国墅"，因地利优势而"襟带山溪，表里畴苑"，有洛阳人访园，赞誉其"岩囿天势，具体金谷"，可比拟西晋名园石崇的"金谷园"。东汉时的会稽太守马臻开鉴湖三百里，东至上虞区篙坝乡，西达柯桥区钱清乡。将若干自然形成的低地湖泊连为一体，纳会稽、山阴36条河流，灌溉良田九千余顷，上可防洪蓄洪，下可改造盐碱地，湖面又可航运、养鱼、酿酒。鉴湖虽为水利工程，却奠定了绍兴从魏晋至唐宋的物质生产基础。后世对鉴湖景观的开发，造就了大量的绍兴园林。

晋室南迁后，山阴成为与东晋首都建康（今南京）并列的江南大都会。晋元帝赞叹绍兴的富庶殷实"今之会稽，昔之关中"，琅琊王氏、陈郡谢氏及其他北方士族迁居绍兴。王羲之的"山阴道上行，如在镜中游"，顾恺之的"千岩竞秀，万壑争流，草木蒙笼其上，若云兴霞蔚"，绍兴的自然风物令当时的书画巨匠们过目难忘，在这片土地上，南迁的士族将灿烂的中原文化与原有的江南文化相融合，创造出全新的文化。永和九年（353）的上巳节，王羲之、谢安、孙绰等东晋名流在兰亭雅集，写下后世尊称"天下第一行书"的《兰亭集序》。兰亭不仅是一处地名，也演化成一处著名的公共园林。王羲之在归隐剡中金庭洞天后，建有书楼、墨池，后成为金庭观，"墨池"成为绍兴园林的一大标志。谢安未担任高官前，在上虞修有园林"东山别业"，东山"如鸾鹤飞舞"，四周"千嶂林立"，又可俯视沧海，山中有"蔷薇洞"，谢安在此建有白云堂、明月堂等建筑，东山别业后成为国庆寺。谢灵运祖父、父亲葬于始宁县（今绍兴东南一带），在当地有故宅与别业。到谢灵运时移籍会稽，建别业始宁墅，傍山带江，环境清幽。谢灵运为始宁墅作《山居赋》，提到始宁墅"面山背阜"，"左湖右江，往渚还汀"。南朝刘宋官吏孔灵符在会稽永兴县（今杭州萧山）有大型私家园林"永兴墅"，《宋书》载其"周回三十三里，水陆地二百六十五顷，含带二山，又有果园九处"，可见孔家产业丰厚，除作为园林外，还是典型的士族庄园。

隋唐时期，会稽更名越州，成为浙东重要城市，社会经济生活有了长足的发展，还刺激了建筑业的兴盛。羊山、柯岩、吼山等地的采石活动，造就了具有绍兴特色的石宕。石宕本义为采石场，后来演化成具有绍兴地方特色的园林。当时鉴湖有岛洲百余处，若耶溪沿岸风景绝佳，由水路可溯溪而上直抵山中，优良的人居环境吸引了唐代的文人雅士归隐越中。《越中园亭记》记载的唐代私家园林有方干别业、张徽君（张志和）隐居、齐抗书堂、朱山人别业、王处士草堂、袁秀才山亭等。再如越州城内外有满桂楼、望海亭、东武亭、龙瑞宫等园林。到五代时期，杭州取代绍兴成为新的两浙政治中心，吴越国创始人钱镠立杭州为"西府"，立越州为"东府"。在府山以西的王公池前建有"西园"，以亭阁为特色，有飞盖堂、望湖楼、惠风阁、列翠亭、流觞亭、憩棠亭等建筑，受兰亭文化的影响较深。

两宋时期，绍兴园林得到较大发展。南宋初宋高宗驻跸越州，取义"绍奕世之宏休，兴百年之丕绪"，改年号为"绍兴"，并升越州为绍兴府。南宋皇帝死后要葬于绍兴郊外的"攒宫"，后世称"宋六陵"，成为重要的陵墓园林。绍兴在宋代多有名宦居住，像后为丞相的史浩在绍兴任上建有"曲水园"，园在卧龙山北，右邻王羲之祠，引鉴湖水入小溪，建筑有曲水激亭、惠风阁、情虞轩等。"沈氏园"又名"沈园"，因陆游的诗词而著名。孔愉的"小隐山园"位于城外四五里的湖畔，远望如烟云中的楼阁，"山苍溪碧，缭绕四注"，内植奇树。赵不流的"望仙亭"，正对梅山，得借景之妙。后为尚书的王希吕在越王台旧址上建"观德亭"，有桃溪、梅坞之美。丁氏园在城内的新河步，园内多种海桧树，后墙密植竹子，轩楹较宽敞适合消夏，"金华学派"的代表人物吕祖谦曾为此园作记。"镜湖渔舍"在城南，为王氏人家的别业，有名为"小瀛洲"的丈室。

明代，绍兴在江南园林繁荣的时代背景下达到了极盛。绍兴散文家、戏曲理论家、"晚明三大才子"之一的祁彪佳作有《越中园亭记》《寓山注》，文学家、史学家张岱著有《陶庵梦忆》《夜航船》《越山五佚记》，他们以文字的形式记录下绍兴园林史辉煌一页。特别是《越中园亭记》，祁彪佳收集、整理、记录了近291处绍兴园林，其中考古101处，城内80处，城外110处。记录中的大部分明代绍兴园林已经消失，文字记载在某种意义上延续了这些园林的生命。明代绍兴园林的分布与特征从而清晰起来，即府山、城内、鉴湖、滨海四大园林分布区。其中著名的园林，有画家徐渭的"青藤书屋"，因园内一株青藤而得名，此园面积虽不大，却构思精巧、疏密得当。张肃之晚年在府山旁造"砎园"，有驴香亭临王公池上，开窗借景府山景致。诸公旦的"快园"在府山北面，此处竹木茂密、小径蜿蜒，园中有碧澈方塘，堂、轩、楼均朝向池面。陶延的"畅鹤园"以建筑为特色，亭榭"高出云表"，外表雕饰彩画，远望就像仙人居住的楼阁。萧鸣凤的"瓜渚湖庄"位于瓜渚湖畔，是一处湖庄园林。湖面望之似无边际，萧氏在水深处挖土为池栽培莲花，浅处筑土为圩种植桑树，并建有高楼。张岱祖父张汝霖读书之地名"天镜园"，祁彪佳认为"越中诸园推此为冠"，园林"远山入座，奇石当门"，有南楼与亭、台、堂、沼，该园以变化取胜，每一处园景都富有特色，变化多端的景物常常使游人迷失方向。倪鸿宝的"依云阁"以畅朗见长。若耶溪畔的"澄玉亭"，入园道路上有高大的古梅、柳树，内有方池，池上有亭榭。而祁彪佳本人也钟情于园林营造，历时三年在寓山建"寓园"，有让鸥池、铁芝峰、远阁、远山堂、选胜亭、妙赏亭、铁芝峰、通霞台等园景。由祁彪佳等的记载，可见当时绍兴园林个性鲜明、构思奇巧、绝少雷同。

清代，绍兴园林的营造进入低谷期。园林营造的艺术性大为下降，台门建筑文化兴起，世俗性、实用性大为增强。尽管清代绍兴园林的营建比明代有明显的衰退，却依然有陶园、赵园、姚家花园等园林出现。陶园又名东湖，为乡绅、书法家陶浚宣所建，此园为绍兴现存较完整的清代园林。赵园又名省园，由乾隆年间富商赵焯、赵镨父子修建，虽经兵燹火焚，尚存屋宇、假山、池塘、花木。姚家花园又名快阁，同治年间为姚氏所有，原有假山水池、花木藤萝，今已湮没。绍兴郊外的孙端镇上亭公园，是绍兴第一座乡镇公园，由同盟会会员、乡绅孙德卿于1915年建成，面积20余亩。1916年8月21日，孙中山参观此园，并为此园题写"大同"两字。此园具备近代公园性质，风格上属于折中式，在功能上兼顾传统与近代生活。园内办有仁济医局、蒙养院（幼儿园）、平民夜校，还举行集体婚礼、编演新戏，具有鲜明的近代生活气息。

现存绍兴园林种类丰富，私家园林有沈园、青藤书屋、省园、磐庐、三味书屋、百草园等，公共园林有东湖、柯岩、羊山、吼山、越王台等，寺观园林有石城寺、大佛寺等，书院园林有鼓山书院等，陵墓园林有大禹陵等。

绍兴园林中以三类园林较有地方特色，分别是兰亭园林、石宕园林和名士园林。兰亭因东晋时期的"兰亭雅集"声名显赫，与中国书法史关系密切，园林中的雅集文化从此兴盛。兰亭园林的模式，不仅影响了绍兴园林与江南园林，在北方的皇家园林甚至日韩两国园林中也能发现兰亭园林的影子。石宕园林为绍兴园林所独有，其名称也具有当地方言特色。"宕"字在今天汉语中并不常见，但在甲骨文中已经出现，本义为"洞穴"，在当地方言中音近于"塘"，因不少石宕积蓄雨水而成池塘。石宕作为采石场，其开采历史往往超过千年，代表园林有东湖、柯岩、吼山、羊山石佛寺等。东湖原为古鉴湖的一部分，清末被陶浚宣改建成山水园林。鉴湖畔的柯岩以岩景著称，清代"柯岩八景"有：东山春望、七岩观鱼、炉柱晴烟、石室烹泉、南洋秋泛、五桥步月、清潭看竹、棋坪残雪。吼山岩壑雄奇，陆游先祖在此建有寿宁禅寺。羊山为采石后的水中孤山，山间有深潭，潭上有石佛寺，寺后岩壁上开三丈高的石窟，其园林因地制宜，构思巧妙。

绍兴是"鉴湖越台名士乡"，历代名人辈出。今日绍兴名人园林的留存数量虽不及历史盛期，尚有沈园、青藤书屋、三味书屋、百草园等传世，多为名人故居的附园，亦有相关的名人逸事。

# （18）兰亭

在绍兴园林中，最具知名度的公共园林是兰亭。由于"天下第一行书"《兰亭集序》的声名远扬，"兰亭"几乎成为书法的代称。兰亭位于绍兴西南17千米处的兰渚山下，东部区域以园景为主，西部区域以建筑为主。园景以"曲水流觞"为主题，将与书法相关的典故融入其中。兰亭的入口处为曲折"幽径"，两侧为茂林修竹夹道。

兰亭入口处的"幽径"

左转绕过锡杖山小丘一角，可见远处溪池横亘，右边石磴步错落有致。左边黄石驳岸的水池"鹅池"，由黄石砌堰蓄水而成；池东为一微丘，上生香樟、翠竹等常绿植物。池西有一突出池面的濒水平台，边缘有石砌栏杆，可凭栏观鹅。鹅池有白鹅数只，以呼应池名。在书法史上有"羲之爱鹅"的故事，传说王羲之由白鹅悟出了笔法。鹅池南岸小径旁为三角形石亭"鹅池亭"，亭中有一方石碑，上刻集王氏父子书"鹅池"：王羲之写"鹅"字，为内擫笔法；王献之写"池"字，为外拓笔法。王氏父子被尊称为"二王"，影响了近1700年的中国书坛。

"鹅池"畜养白鹅

由"鹅池亭"前小径西行，跨过鹅池上的"三折石板桥"，就可进入西部区域。

"鹅池亭"

"鹅池"上"三折石板桥"

西部区域由三组东西走向、平行排列的建筑与园景"曲水流觞"组成。南路以"兰亭"为中心，中路以"流觞亭""御书亭"为中心，北路以"右军祠"为中心，流觞亭东侧是曲水流觞。南路主体建筑兰亭坐西朝东，青石为柱，四角高挑，亭内有王羲之书"兰亭"碑。兰亭西侧有方折水池、茂林修竹与兰渚山主峰笔展尖。中路建筑流觞亭坐西朝东，面阔五间，单檐歇山顶，黛瓦乌柱，极具绍兴当地特色。虽名为亭，实为厅堂建筑，是园林曲水流觞的主堂。曲水流觞位于流觞亭前、东侧的一块空地上，是兰亭园林的核心。四周环境清幽宜人，东侧土丘为开挖鹅池所垒，其上丛植修竹，背衬密林。曲水流觞西对流觞亭与远处的兰渚山，可见崇山峻岭。曲水是由人工设计的水道，黄石叠岸，回环弯折，流速和缓，石上生藤蔓，缝间长兰草；地面以碎石铺砌，其上放置石凳，供雅集参与者使用。曲水流觞最初是兰亭雅集中的文人游戏，本是将浅底双耳的酒杯放入弯曲的水中，当酒杯流经游戏参与者身边时，必须完成一首诗，否则罚酒一杯。与曲水流觞游乐相配的这处园林，由于王羲之《兰亭集序》的流传而声名显赫。御书亭位于流觞亭后

"兰亭"

不远的高台上，是一座八角亭，重檐攒尖、黑柱青瓦，始建于清康熙三十四年（1695）。亭中立御碑，上有康熙帝、乾隆帝书写的碑文。碑正面为康熙帝临《兰亭集序》，碑反面为乾隆帝书《兰亭即事》诗，因两人为祖孙，故称此为"祖孙碑"。北路建筑右军祠四周由水道包围，祠前平台以石板桥与西侧陆地相连。右军祠是水合院建筑，坐西朝东，中轴线上依次为门厅、"墨华亭"与祠堂，两侧为廊庑。祠内院落为方形水池"墨池"，四角亭墨华亭位于池中心的石砌台基上，既是谒祠的主要路径，也是戏台的所在。可谓水中有祠，祠中有池，池中有亭，水体与建筑重叠环抱。右军祠是纪念书圣王羲之的祠堂，其廊庑的墙壁上镶嵌各种版本的王羲之《兰亭集序》与历代书家临写的《兰亭集序》碑刻。

御书亭往北是"兰渚溪"，过溪上的八折石桥可通往天章寺与笔展尖，兰亭园林进入尾声。

现存兰亭并非东晋的兰亭，而是围绕书圣墨迹、曲水流觞、魏晋风度等主题营建的纪念性园林。

"流觞亭"

"曲水流觞"

"御书亭"

"右军祠"

"墨华亭"

"兰渚溪"

　　其作为选址"村庄地"的园林，借助天然河谷的地势展开，再结合人工对自然的改造，使园林与兰渚山、兰渚溪融为一体。兰亭园林的路径设计平实中见匠心，不但将不同园景串联起来，而且呈现出一波三折的隐显、疏密之节奏。兰亭的建筑以亭子较有特色，通过亭子的形制与材料的不同而产生丰富的变化。再如水上的右军祠，祠内水上的墨华亭，就具有绍兴当地水乡民居特色。其假山的叠砌有地方特色，如为开挖池塘堆积而成的鹅池旁的微丘，仅在鹅池边以黄石护坡，坡上自然生长树木，若不细观，根本发现不了其为人工垒砌。兰亭理水以人工水脉为线索，分布着多处方池与半自然形态的池塘。墨池源自王羲之在绍兴城内蕺山南麓的故宅，其宅前就有墨池，又名"鹅池"。其名称有一定的通俗性，是具有绍兴地方园林特色的景观。兰亭园林中的花木较为自然，以茂林修竹为主。旧时尚未成景区前，此处可借景附近农田。园内人工圈养的白鹅，不仅与"羲之爱鹅"的典故相对应，也使园景增添了几分生气。

"曲水流觞"在兰亭雅集前曾举办过许多次，但在兰亭雅集后演化成一种常见的人文景观。其影响力远远超越它的时代与地域，成为东亚地区流传范围较广的园林营造范式。国内不少传统园林的设计理念源自"曲水流觞"与兰亭雅集，如隋炀帝在东都洛阳西苑的"曲水殿"、唐代长安城东南的曲江池"芙蓉苑"、北宋皇宫后苑的"流杯殿"、金代宫苑的"琼杯亭"、清代故宫建福宫花园的"禊赏亭"、圆明园的"坐石临流亭"、北京恭王府花园的"沁秋亭"、北京潭柘寺的"猗玕亭"、四川宜宾的"流杯亭"，而无锡寄畅园的名称更是来自王羲之《兰亭诗》中的"三春启群品，寄畅在所因"。再如韩国庆州市郊新罗时代官绅府邸花园内，尚存的一个石凿拼合的"流杯池"。唐宋时期中国文化东渡，日本效仿兰亭雅集，不仅有以"曲水流觞"为主题的园林及遗迹，如平城京宫迹庭园、岩手县毛越寺、涉溪园等。现在每年的上巳节还举办名为"曲水宴"的宴会，另有日本传统风格的曲水赋诗活动。可见"曲水流觞"园林营造范式，在东亚地区流布甚广。

　　何时有兰亭，目前史料已不可考。绍兴民间传说，春秋末期的越王勾践为父亲允常守墓并栽植兰花，此处山岳得名"兰渚山"。而大臣范蠡在附近修造亭子，以供勾践休息，成为"兰亭"名称的由来。至汉代，兰亭成为官道上的驿亭，附近的溪流因此得名"兰亭溪"或"兰渚溪"。

　　到东晋永和九年的暮春，时任右军将军、书法家、文学家的王羲之在兰亭主持上巳节"祓禊"仪式，参与此次雅集活动的有谢安、孙绰、谢绎、王徽之、王献之、王凝之等共41人，其中26人作有诗赋，15人未能赋诗，各被罚酒三斗。雅集结束后，将所作《兰亭诗》37首与《兰亭集序》合编成诗集《兰亭集》。按传统上巳节在农历三月第一个巳日，这天人们要临水洗濯、清除不祥，后固定在农历三月三日这天，活动内容也增添了临水宴饮、春游踏青。上巳节原为汉民族的传统节日，为今日清明节的前身之一。此后兰亭由普通的名胜古迹，一跃成为书法与文人文化的重镇，成为后人怀想魏晋风度的圣地。北魏郦道元的《水经注》记载兰亭的位置在"浙江又东与兰溪合，湖南有天柱山，湖口有亭，号曰兰亭……太守王廙之（一说王凝之），移亭在水中"。表明东晋时期，兰亭位于兰渚溪汇入鉴湖的三角洲附近，并由湖口移到水中。北宋《元丰九域志》记载兰亭在天章寺中，自宋代以后鉴湖被人围湖屯垦，兰亭的位置也从湖边迁移到陆地上，后毁于元末的火灾。明嘉靖二十七年（1548），时任郡守沈启于今址重建兰亭，其后几度兴废。沈启重建兰亭的范围比今日更为宏大，由鉴湖之滨直到兰渚山展笔峰。明末清初绍兴文学家张岱寻访兰亭，见到的是"景色荒凉""亭卑且污"。清康熙十二年（1673），知府许宏勋重建兰亭，此后兰亭屡有增建。康熙三十二年至三十七年间，兰亭奉敕重建，造"御碑亭"以陈列康熙帝御书《兰亭序》碑刻，悬御书"兰亭"。乾隆十七年，乾隆帝南巡到绍兴，不仅修葺兰亭，还在游览兰亭时作诗《兰亭即事》，刻于康熙帝御书碑背面。现存兰亭园林是20世纪80年代至今修复的。

## （19）东湖

东湖位于绍兴古城以东3000米处的箬篑山北麓，素有"天下第一山水大盆景"的美誉。一般人会认为这是一处天造地设的风景名胜，而不与园林产生联想，其实东湖是名为"陶园"的大型园林。东湖不仅是绍兴现存古代园林中保存较完好、规模最大的一处，也是江南地区现存面积最大的古代私家园林之一，占地面积达57900平方米。

东湖东接东湖村，南抵箬篑山，西连揽月桥，北邻浙东运河。陶园的结构不同于普通的江南园林，而是由若干水域构成的完整园林，自西向东为"寒碧亭"水域、"小稽轩"水域、"霞川桥"水域、"稷寿楼"水域。

东湖入口现设在浙东运河北岸的东湖村，由"揽月桥"跨过浙东运河，可见粉墙上一座砖构园门，上书"陶园"二字，门两侧悬挂园主撰写楹联"崖壁千寻此是大斧劈皴画法，渔舫一叶如入小桃源图中"，提示园内山水景物特征。

由园门而入，其南为寒碧亭水域，其北为开花窗的园墙。此水域面积不大，是一处泊满乌篷船的港湾，湾南岩壁垂直，林木茂盛，园景自此缓缓展开。沿石磴步而行，可抵南部岩壁下三角形石亭寒碧亭。

"寒碧亭"及湖面

亭旁一痕长堤经石板桥，向西接入一座小丘。小丘是开山后的遗留，石质驳杂、山顶覆土，丘下遍生樟树，山上竹林密布，丘顶有一座湖石为基的方亭。小丘往南隔水处的平地上为水杉林，继续往南是幽深涧谷，有陡峭梯道可登箬簧山顶茶园。小丘往北有小型院落，其西为黄石砌石门，上嵌书门额"猴山"；其东为粉壁月洞门，上嵌书门额"搜奇"，两门间空地上是由青石叠砌的假山"万猴山"。小丘往西是小稽轩水域，园景自此豁然开朗。

"万猴山"石门

小稽轩水域面积宽阔,是东湖的主景。其西北为"陶社",其北为亭桥静趣亭,其东为"秦桥",其南为小稽轩与纤道。陶社坐北朝南,面阔三间,硬山顶。此社是为纪念绍兴乡贤陶成章而建,社外悬周谷城行书白底黑字门匾,内悬楹联:"白虹贯天,大星陨落;碧血入地,侠骨不寒。"亭桥静趣亭在北部长堤上,集亭、廊、桥于一体,为长堤视觉中心,其桥洞是舟船进出园林的通道。"秦桥"因民间传说秦始皇停车于箬篑山下喂马而得名,由中间石拱桥、两侧各三联平桥共同组成。秦桥往南连接小稽轩,此轩坐南朝北,面阔三间,硬山顶,绍兴民居样式,是东湖的标志性景观。轩半架于石梁上,其北面朝湖面。

轩南空地上,有掩映于假山石门后的桂岭,岭上桂树成林。另有假山石门,门额"槐树"。

"小稽轩"水域

"陶社"

"小稽轩"与"秦桥"

"槐树"石门

纤道位于北侧的崖壁下，其形态与杭甬运河上的古纤道相似，既可仰望崖壁，又可眺望湖面。

"霞川桥"水域平面近似长方形，水中"长堤"横亘。水域之西为秦桥，其北为平直长堤与万柳桥，其东为霞川桥与饮渌亭，其南为"仙桃洞"。水中长堤将此水域切割成两片狭长的水面，两处水面一处显山水景色，另一处显水乡景色。

"霞川桥"水域"长堤"

长堤由采石场残留山体与土堤、石板桥等组成，堤上草木葱茏，高下曲折。北面的平直长堤上，有石拱桥万柳桥，桥底连通东湖和绍甬运河。到东部的霞川桥与饮渌亭处，东湖水域逐渐缩小。霞川桥为南北走向，为形态简洁的三孔石梁桥。朝东石梁上刻隶书桥名，朝东桥墩上镌行书楹联"剪取鉴湖一曲水，缩成瀛海三山图"。

"霞川桥"

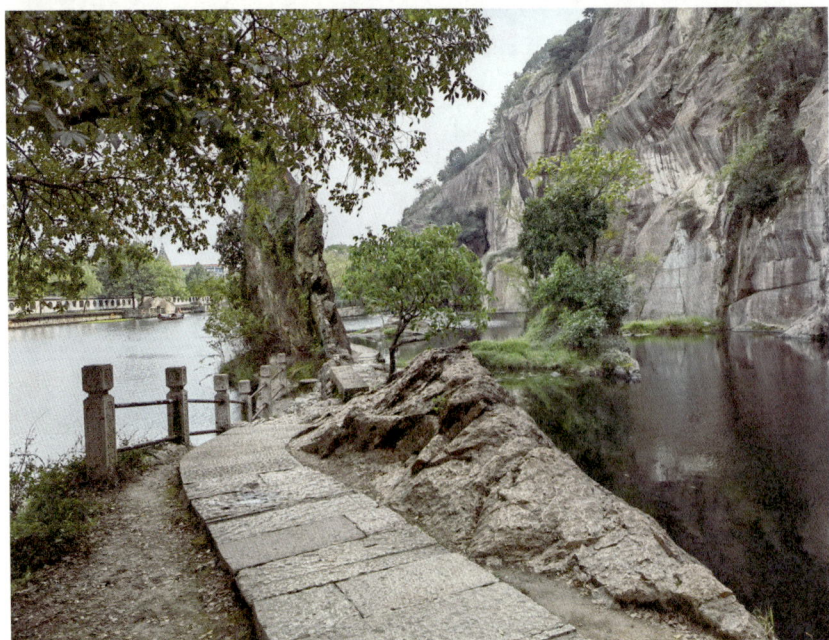

长堤石岛

饮渌亭在桥北，其名取自湖水清澈可作饮用之意。南部山体上的"仙桃洞"，得名于洞口形似仙桃，弥补了因采石造成的方硬感，使石景有了细节变化。洞口两侧刻有对联："洞五百尺不见底，桃三千年一开花。"于洞内交谈，因洞壁回音，以致园墙长堤处的万柳桥上都可听闻人语。

"仙桃洞"

霞川桥往东为稷寿楼水域，东湖主要建筑分布于此。其西为霞川桥，其北为稷寿楼，其东为"扬帆舫"，其南为陶公洞、"华山一条道"与"听漱亭"。此水域由开阔逐渐收窄，园景自此收尾。北部长堤上有仪门，砖雕门额上刻隶书"槐荫别墅"，两侧石柱上刻篆书"此是山阴道上，如来西子湖边"。

仪门往东为绍兴画廊，坐北朝南，硬山顶，面朝湖面。再往东为"稷寿楼"，坐北朝南，面阔五间，四周围廊，寿字栏杆，缀稷穗纹，以应楼名。楼北的小庭院，有依墙壁山、茶花独立、蜡梅数丛。绍兴画廊与稷寿楼小庭院之间有通道，通道北部墙上开月洞门，朝北书"逸兴"，典故出自唐人王勃《滕王阁序》中"遥吟俯畅，逸兴遄飞"。

"稷寿楼"水域

"槐荫别墅"仪门

楼西南有假山"笔架山"与墨池，似象征笔墨。笔架山上嵌书家启功书"笔架""海上仙山"与"此峰自蓬岛飞来"石刻，假山由东湖产青石叠砌而成。四方形水池墨池条石护岸、石栏围护，池内漆水一方，石壁上刻"墨池"二字，其原型来自城内王羲之故宅前方"墨池"，象征绍兴的文脉。稷寿楼东南方向的水面上有扬帆舫，坐西朝东，为石基木结构仿画舫建筑。舫分三舱：前舱歇山顶四方亭，今为戏剧舞台常演出越剧；中舱矮小，为硬山顶；后舱歇山顶，粉墙黛瓦，较为高大。舫东的水面上有石砌岛屿，上有叠石立峰，种植丛竹树木。

南部山体上开陶公洞，形似竖井，须乘舟而入。华山一条道为采石后留下的陡峭山脊，两侧壁立百尺、动人心魄，神似华山"苍龙岭"，由此可达山脚渡口。山脚渡口处的听湫亭，为石柱六角攒尖亭，悬诸乐三隶书褐底绿字亭名匾。

"笔架山"

"稷寿楼"与"墨池"

"扬帆舫"

"听湫亭"与"华山一条道"

东湖园林始建时间较晚,保存较为完好,部分园景有变化,如"陶社""寒碧亭""览月亭""静越亭""小稽轩"等为复建与扩建的。东湖选址集"江湖地""山林地""村庄地"于一体,又纳私家园林、书院园林、祠堂园林于一身,在现存江南园林中较为独特。东湖面积广阔、建筑密度较小,不同于一般江南园林的面积狭小、建筑密集,而是带有魏晋山水园林的自然秀雅的古风。

绍兴地区建屋、修路、铺桥、砌墙、护岸,均需要使用石材,久而久之形成了"残山剩水"的采石场遗迹。近2000年的开挖,在箬篑山下凿出一处长逾200米、宽近80米的水池。石宕之美在古代就已经被人欣赏,而徐渭道破石宕之美的原因,在于人工无意而为之,使石宕造型既有规律性又有出人意料的变化。另外,由于石料的运输需要借助舟楫,故石宕多毗邻纵横交错的运河水道,像东湖一墙之隔即为浙东运河(杭甬运河)。

东湖陆上游园路径分为三道:北道由园门而入,经"陶社"与紧贴园墙的长堤,直抵"稷寿楼"与"扬帆舫",总体上以观赏山水景物为主。中道从"汀步桥"过"岁寒亭",沿长堤纤道过"小稽轩",由"饮渌亭"跨水抵"稷寿楼",得王羲之赞誉绍兴山水"从山阴道上,犹如镜中行也"的意蕴。南道由箬篑山攀援而上，沿山脊东行，经"华山一条道"，止于"听瀔亭"，由舟船摆渡到"稷寿楼"。南道原可借景园外万亩良田与河道、村庄、石坊，一到秋收季节，稻谷金黄，村舍俨然，石坊兀立，蔚为壮观，今市郊城市化后此景不存。此外，由于东湖面积较大，且与园外运河相通，游人可乘舟游园，因此在水上有两条游园航道，这在江南古典园林中属于特例。

绍兴地势南高北低，南部是会稽山脉，中部是古鉴湖残存，北部是滨海平原。中部古鉴湖因历史上的围湖造田，除残存众多湖塘及零星孤丘外，其余成为平原水乡。而东湖原为古鉴湖的一部分，箬篑山原为湖中岛屿。自汉代起，箬篑山成为采石场，并通过水道向绍兴古城及周边输送石料。到明清时期古鉴湖逐渐淤积，形成众多的洲渚岛屿，东湖被分割包围成一片长条形的湖面。

1895年，归隐乡间的绍兴乡绅、书法家、学者陶浚宣（1846—1912）与族兄陶在宽、陶仲彝等一起，模仿先祖陶渊明《桃花源记》中的桃花源意境筑堤理水，营造东湖别业园林。1914年，为纪念革命殉难者、光复会领袖、陶浚宣从侄孙陶成章，改园内花厅为祠堂"陶社"纪念陶成章。抗日战争时期，东湖成为日伪军据点，"陶社"被毁。抗日战争胜利后，于园西易址重建"陶社"。新中国成立后，东湖成为东湖农场与农居。1979年之后，经过4次重修扩建，形成东湖今貌。

长堤北望湖面

十二　上海园林

# 概说

　　上海古称沪、春申、松江、云间等，地处长江三角洲东端，境内以长江三角洲冲积平原为主，地势平坦、水网密布；仅西南部有少量丘陵，吴淞江穿境而过。上海虽以国际化大都市面貌示人，但其内部及外围区域尚存不少传统园林，且具有明显的地方特色。

　　相比江南其他城市，上海园林出现的时间较晚，但后来居上。最早的上海园林性质属于私家园林与寺庙园林。南朝萧梁末年，太学博士、史学家、书画家顾野王建有园林读书堆，亦称顾亭林宅。读书堆园林内，北有"顾亭湖"，南有林木，有池因"水深黑，冬夏不竭"而名"野王墨池"。上海寺庙园林中，最早的是始建于三国时期的安亭镇菩提禅寺。青龙镇是上海唐宋时期的外贸商港，宋人应熙在《青龙赋》中记述青龙镇的寺庙园林"亭桥驾霓、台殿恍如蓬府，园林宛若桃溪"，可见当时建筑园林之华美。

　　宋代是文人文化鼎盛的黄金时期，文人造园方兴未艾。这一时期的上海园林以私家园林为主，数量最多，其他各类园林亦有发展。华亭县进士朱之纯的湖斋清新质朴，园有平湖十顷种植菱角，另有茅斋、桃园等；其谷阳园址为陆机故宅，园景朴实无华，虽有"文澜堂"，却有水乡人家的野趣。参政钱良臣的云间洞天有石假山，景观有"观音岩""桃花洞""巫山十二峰""朋云亭"等。吴兴诗人李行中的醉眠亭位于青龙江畔，亭名为苏轼所取，北宋诗人张先、秦观等皆有吟咏。进士龚明之的龚氏园内有"农隐堂""楼闲堂""期颐堂"等建筑，蕴含了归隐高寿的美好寓意。由于造园之风流行，连华亭县衙署内也建有园林，有"芳兰堂""思齐堂""弦歌堂""三山亭""艮阁""尽心堂""风月堂""湖光亭"等。

　　元代文人多有归隐林泉，故这一时期文人与官僚营造的私家园林数量较多。如都转运瞿廷发的瞿氏园，被明代《弘治上海志》誉为"浙西园苑之胜"，园内有"百客堂""宝书楼""琴轩""浴马池""安分斋""招鹤轩"等景致。南宋遗民、元代画家任仁发建来青楼（览晖楼），可赏"左江右海南青山"（杨维桢诗）的壮美景色。元代文人画家曹知白有曹氏园，其园池名闻一时，是当时文人聚会的重要场所，园内有"清静斋""暖香亭""摇雪亭""松石斋"等建筑。拔赐庄是元末丞相脱脱之子迎娶公主时由元朝皇室拨赐的园林，此园深受江南文人文化的滋养，故显得如乡村般平淡野逸，园内有"野塘春涨""懒园老松""椿园晚照""古寺天香""毛湾闻鹅""官堤秋晚""斜桥步月"。陶舆权的南园也称云所园，园内有"华表""仙馆""更楼""西湖"等景致，模仿神话中的神仙居住的海上仙山，更有养鹤、歌舞、举渔火等园内活动。王逢号最闲园丁，是元末明初隐居不仕的文人，其最闲园内有"闲闲草堂"、"先民一壑"沟、"先民一丘"山与"藻德池""林尽余清洞""乐意生香台""幽贞谷""卧雪窝""直节峰"等景致，表明了隐居的心境。

上海园林在明初虽受到造园禁令的影响，但很快就迎来了从明代中期到清代中期的全盛。明弘治时的上海县已是"衣被天下，可谓富矣"，上海园林也蓬勃发展起来。清人叶梦珠《阅世编》卷十中说"郡邑之盛，甲第入云，名园错综，交衡比屋"，有据可查的园林超过百处。此时上海地区的造园中心位于当时府治所在的华亭与所辖嘉定县、上海县等，其他各县亦多有营建。这些园林以私家园林为主，后来也有部分演化为城隍庙的附园，成为上海园林的地方特色。如豫园为潘允端的私家园林，后与内园一起成为上海县城隍庙的庙园，秋霞圃是嘉定县城隍庙的庙园，古猗园是南翔城隍庙的庙园，而曲水园始建时就是青浦县城隍庙的庙园。明代中晚期，松江府境内文人荟萃、画家云集、名宦辈出，为上海园林的繁荣奠定了良好的基础。有画家顾正谊的濯锦园、明代工部官员李逢申的横云山庄、浙江布政司莫如忠的莫园、礼部郎中乔炜的南园、王俞赞的太虚楼、吕廷振的南园、隐者周纪的万松园，还有秋霞圃、日涉园、颐园等，其他如徐阶、董其昌、陈继儒等名人也建有园林。明末清初，江南造园活动达到顶峰时，在松江出现了以张涟为首的造园家族。张涟字（或号）南垣，原为松江华亭人，后迁嘉兴。其家族成员包括张涟的四个儿子与侄子、孙子等，又以次子张然、三子张熊、侄子张钺、孙子张淑较出名。他们的造园脚步从江南出发，直到京城御苑与贵胄园林。著名作品有玉泉山静明园、西郊畅春园、大学士王熙的怡园、刑部尚书冯溥的万柳堂、无锡秦氏家族的寄畅园等。

上海开埠后，成为华洋杂处的大都市。虽然战火对上海郊县园林产生一定的破坏，但得益于上海相对安定的环境，江南官宦富商定居上海修造园林，也有外国殖民者修造园林，并客观上促成了上海园林的近代演化。有传统风格的，如也是园、南翔黄家花园、小万柳堂、九果园、小兰亭、周家花园、愚园、吾园、未园、半泾园、辛家花园、大花园等；也有中西合璧风格的，如半淞园、丁香花园、漕河泾黄家花园、爱俪园、梓园、张园、课植园等。半淞园位于上海老城厢南部的黄浦江畔，因取唐代"诗圣"杜甫的《戏题王宰画山水图歌》中"焉得并州快剪刀，剪取吴淞半江水"而得名。园内有"听潮楼""江上草堂""迎帆阁""留月台""鉴影亭""水风亭"等建筑。后毁于抗日战争期间，今仅留路名。也是园前身是明代乔炜南园，有"明志堂""锦石亭""息机山居""渡鹤楼""海上钓鳌处"等。此园亦毁于战火，仅存路名，园中遗物"积玉峰"今存豫园中。小万柳堂是无锡籍收藏家廉泉与妻子吴芝瑛的归隐地，有"帆影楼""西楼""剪淞阁"等，后毁。二人在杭州西湖也有同名园林，是蒋庄前身。爱俪园是犹太裔富商哈同与混血妻子罗迦陵的，民间称"哈同花园"，园林面积巨大，园内中西合璧，有"文海界""天演界""飞流界""引泉桥""侯秋吟馆"等。

现存上海园林分布于上海城区与郊外市镇，多数保存较好。城区有豫园、内园、桂林公园、周家花园、丁香花园等。豫园、内园保存完好，成为上海市区知名度最高的园林。桂林公园是在黄金荣的漕河泾黄家花园基础上扩建而成的，周家花园现在是华山医院中的园林。丁香花园是李鸿章的私家园林，其风格一半中式、一半西式，对比较强。松江区位于上海西南部，有醉白池、颐园等园林。嘉定区位于上海西北部，有汇龙潭、秋霞圃、古猗园等园林。青浦区位于上海西部，有曲水园、课植园等园林。

# （20）豫园

上海老城厢以城隍庙为商业中心，豫园曾为其附属庙园，今庙、园已分离。豫园面积约2万平方米，包括北部的历史园林区、中部会景楼园林区、南部内园园林区。现存历史园林部分，仅为豫园初建时的东北一隅。本节以历史园林区为中心，后世重修、扩建的园林仅作简要论述。

历史园林部分的平面呈倒转的"凹"字形，西部以"三穗堂""仰山堂""大假山"为中心，沿南北向轴线前后分布；中部以"萃修堂"、亦舫、"万花楼"为中心，沿东西向轴线并列分布；东部以和煦堂、打唱台、点春堂为中心，沿南北向轴线前后分布。

由老城厢豫园商城内的豫园路东行，直达方形水池"荷花池"，池以条石护岸，具有江南园林早期园池特征。池畔可凭栏远眺池东绿树簇拥下的亭馆，即今豫园。荷花池上"九曲桥"横亘，桥面规律曲折，饶有韵律感。

桥中部为二层"湖心亭"，坐南朝北，亭与"新园门""三穗堂"为对景，亭北侧有台阶伸入水中——南部为歇山顶水榭；北部中央为攒尖顶方亭。亭东、西侧对称分布小亭。此亭体量巨大，因处于大池中央，视觉上比例适中。而据学者蔡夏乔对明代豫园园界的推测，凝晖路、九狮亭、船舫路等街道的所在地，连同附近荷花池、九曲桥、湖心亭，为豫园初建时的主体，今多散为商肆，是上海市民文化的繁盛之地。

"荷花池""九曲桥"与"湖心亭"

　　九曲桥尽头，是豫园新园门"南门"。而旧时园门开在安仁街，紧邻东面潘氏住宅。新园门为仿清代的砖雕门楼，雕饰繁缛，其门额上刻明代书画家王穉登隶书"豫园"。

"南门"

新园门正对坐北朝南的三穗堂，面阔五间，单檐歇山顶，红柱白墙，为园林主堂。堂西南方向的园墙转角处，为一列湖石立峰；堂东南方向的园墙转角处，由"湖石假山"内的山洞通往陈从周设计的会景楼园林区。

"三穗堂"

"湖石假山"通道

三穗堂后为二层的仰山堂，坐北朝南，堂内悬匾"此地有崇山峻岭"。堂北由五个屋顶构成，中央与两侧为歇山顶，最外侧为攒尖顶，北侧设临水"美人靠"，可仰望主景大池假山，堂也因此得名。

大池以黄石护岸，池形似椭圆。池西月洞门，门内有山道连接池北假山。此假山是江南现存最完整的明代黄石大假山，由黄石名品"武康石"砌筑。山体古朴浑厚，山间生长青松等，有前、后两条磴道，曲折盘旋，由明代造园家张南阳设计。山间溪涧蜿蜒，由三折石桥与石板桥跨溪而上，直抵山顶"望江亭"。旧时上海老城厢房屋较矮，亭内可眺望黄浦江，今高楼遮挡已不见江景。

"仰山堂"

明代黄石大"假山"与"望江亭"

池东为"渐入佳境"半廊和石门、石台。半廊中心粉壁前设一湖石立峰，分出两条路径。廊左侧沿池路径可通往假山，尽头处粉墙上开有一门，门上行书"溪山清赏"门额，门内为湖石叠砌石门与临水石台。廊右侧步入幽巷，其东壁有小门通往"鱼乐榭"。巷尽头为一堵粉墙，墙边假山占据一角，墙上镶石碑刻"峰回路转"，提示游人此处"柳暗花明又一村"。

粉墙东侧设小门，步入黄石假山内的"山谷"，上方石桥飞渡、松翠枫丹，可仰望凉亭一角，得山野之趣。山谷尽头为萃修堂，堂坐北朝南，面阔五间，单檐歇山顶，堂前黄石假山迫近，似在万山之中。

堂东为亦舫院落，建筑密度较大。院北部为旱舫亦舫，朝向南部的水池。院中部为东西走向的游廊，南部池面为东西走向，池西鱼乐榭横跨水面，可览池南湖石假山。

"渐入佳境"半廊

幽巷墙上石刻"峰回路转"

黄石"山谷"

"萃修堂"

"鱼乐榭"

　　游廊往东，为万花楼院落。院北二层万花楼坐北朝南，面阔五间，重檐歇山顶。楼前为平台，台上对植百年以上的广玉兰、银杏树，叶落时节一派秋色，台西近水处为方亭两宜轩。

"万花楼"前平台与银杏

台前溪水与西侧亦舫院落相连，两院落之间设隔水花墙，墙下开半月形行舟"水门"，极富有水乡趣味，今已罕见。隔水有"假山"，东侧有石桥可登临。假山以湖石叠砌筑，隔水遥望状若奇峰棱棱、远山簇簇。

半月形"水门"

万花楼湖石"假山"

万花楼院落往东，是以点春堂为中心的院落，转为南北走向，自北往南依次为藏宝楼、点春堂、打唱台、和煦堂。藏宝楼坐北朝南，面阔五间，歇山顶。楼南有水池，由湖石护坡，点春堂后伸出水榭"飞飞跃跃"立于池上。楼东有湖石假山与学圃，湖石假山下有石阶入水，山顶为旧时可俯瞰黄浦江的方亭学圃。楼西有八角攒尖顶的古井亭，因亭内古井而得名。

"点春堂"后水榭"飞飞跃跃"

点春堂坐北朝南，面阔五间，单檐歇山九脊顶，堂内雕刻。堂西南有"穿云龙"龙头云墙，以灰塑、黛瓦塑造出游龙姿态，龙头下开小门，门额曰"穿云"，为豫园著名景色。堂正对戏台打唱台，戏台坐南朝北，歇山顶。戏台南侧有水池，形似方形，湖石护坡。池东的抱云岩上有二层楼阁"快楼"，坐东朝西，十字歇山顶，一层名"延爽阁"。

"穿云龙"龙头云墙

"快楼"

水池往南为和煦堂，坐北朝南，面阔三间，单檐歇山顶。堂东隔溪有花窗粉墙，内有小庭院，有两座"石桥"横跨。院内有坐东朝西的静宜轩与听鹂亭，静宜轩是歇山顶的石柱方亭，听鹂亭是坐落于小假山上的六角亭。和煦堂西南有"双龙戏珠"龙头云墙，其下方为水磨砖大门，两面门额为"山辉川媚"与"跨鲤"。门后往南为夹弄，有月洞门与门楼，月洞门两面门额为"咏绿"与"引胜"，门楼两面门额为"点春"与"绀宇琳宫"。门楼往东的月洞门内为老君殿，旧时为铁业行会使用。

小庭院前"石桥"

老君殿往南，是中部会景楼园林区。此区是在保留近代建筑的基础上，依据豫园史料再造的园林。此区南为环龙桥、听涛阁，西有得月楼、藏书楼，北有九狮轩、会景楼，中有玉华堂、"玉玲珑"，东有"积玉廊""积玉峰"。

其中，玉华堂隔水的湖石立峰玉玲珑为豫园旧物，石上多孔穴。下暴雨时"百孔淌泉"，石下置香炉则"百孔冒烟"。此石为宋徽宗"花石纲"遗物，是与苏州留园"冠云峰"、杭州竹素园"绉云峰"并称的江南园林奇石。

名园林学家陈从周模仿古人立"三星石"的传统，将"玉玲珑"与另两座立峰并立在湖石台基上，石后设照壁衬托三石峰。"积玉峰"原为也是园藏石，后迁移至豫园，在石畔建跨水游廊"积玉廊"，还堆湖石假山"积玉山"。

"双龙戏珠"龙头云墙

"玉玲珑"

"积玉廊"与"积玉峰"

南部的内园始建于清康熙四十八年（1709），是上海城隍庙的另一处庙园，是一处建筑密度较高、布局紧凑的园林。

豫园始建时为选址"城市地"的私家园林，后经行业商会的使用与再建设，其商业氛围更为浓郁，遂蜕变为具备公共性质的馆社园林。豫园在历史上屡遭毁坏，各行业商会的修缮有益于园林的存续，也使园林风格与布局变化更为复杂。商业文明的长期浸润，使园景更为世俗。

豫园内建筑密度极高，较为紧凑，园景瑰丽多变。与一般江南园林的空间是由狭窄幽邃至豁然开朗不同，由于入园路线的改变，豫园的空间是从开阔疏朗变为曲折幽深又至开阔疏朗。园内黄石假山为明代名家叠砌假山的遗存，残留部分明代园林的风格，"城市山林"的特征明显。园内建筑密度较大、形式丰富、空间巧妙，虽是历代屡毁屡建的结果，也定格了晚期江南园林的演化轨迹，见证了"海派文化"的兴起。其中"渐入佳境"半廊、行舟水门与龙头云墙，为园内具有特色的佳构。此外，奇石立峰"玉玲珑""积玉峰"为园林增色不少。

豫园始建于明嘉靖三十八年（1559），为潘恩之子潘允端在进京科举失利后于宅西菜地上所建，取"豫悦老亲"之意得名豫园。万历五年（1577），潘允端卸任后回乡扩建，并完成了豫园的修建，面积达70余亩。豫园由造园名家张南阳建构，有秀雅幽静之景，被赞誉为"奇秀甲于江南"。

当时，豫园假山与王世贞的太仓弇山园假山均为张南阳杰作，时人有"百里相望，为东南名园冠"之誉。之后的几百年几经易主。道光二十二年（1842），第一次鸦片战争期间，豫园被英军强占破坏。咸丰三年（1853），"小刀会"以"点春堂"为起义指挥部，失败后被清军劫掠焚毁。咸丰十年，英法军队为协防太平军，豫园成法军兵营，园景遭到破坏。清末，大池与"湖心亭"被划出园外，池西园址遂散为市肆，所剩园林被各行业商会瓜分。民国时于园内办学，园林被商肆、学校、民宅占用。抗日战争时园内收纳难民，日军炸毁"香雪堂"。

1952年，因"点春堂"东侧假山石洞的坍塌，上海文化部门以此为契机决定重修豫园。1956至1959年，先是迁出商肆、学校、民宅，修缮园景建筑。改变园林入口方向，从旧时安仁街入园改成由新建仿清代砖雕园门入园。在会景楼园林区新建"九狮轩"并凿大池，使园内环溪连通，在池上设石板曲桥。1959年，豫园列入上海市级文物保护单位，后在曲桥旁建"流觞亭"。1982年，豫园被列为第二批全国重点文物保护单位，同年由同济大学陈从周教授主持扩建会景楼园林区，将"点春堂"前的"积玉峰"迁往东墙下，在峰旁设"积玉廊"、垒"积玉山"，并设照壁、花台，陈列"玉玲珑"。

# 参考文献

[1] 郭熙. 林泉高致[M]. 北京：中华书局，2010.

[2] 钱泳. 履园丛话[M]. 北京：中华书局，1979.

[3] 计成. 园冶[M]. 北京：中华书局，2011.

[4] 文震亨. 长物志[M]. 北京：中华书局，2012.

[5] 张岱. 陶庵梦忆[M]. 北京：中华书局，2020.

[6] 李渔. 闲情偶寄[M]. 南京：凤凰出版社，2016.

[7] 袁枚. 随园诗话[M]. 南京：南京出版社，2020.

[8] 李斗. 扬州画舫录[M]. 扬州：广陵书社，2010.

[9] 宗白华. 美学散步[M]. 上海：上海人民出版社，1981.

[10] 童寯. 江南园林志[M]. 北京：中国建筑工业出版社，1984.

[11] 刘庭风. 中国古园林之旅[M]. 北京：中国建筑工业出版社，2004.

[12] 陈从周. 梓翁说园[M]. 北京：北京出版社，2004.

[13] 刘敦桢. 苏州古典园林[M]. 北京：中国建筑工业出版社，2005.

[14] 赵雪倩. 中国历代园林图文精选[M]. 上海：同济大学出版社，2005.

[15] 王其均. 中国园林图解词典[M]. 北京：机械工业出版社，2007.

[16] 安怀起，孙骊. 杭州园林[M]. 上海：同济大学出版社，2009.

[17] 李泽厚. 美的历程[M]. 北京：生活·读书·新知三联书店，2009.

[18] 顾凯. 明代江南园林研究[M]. 南京：东南大学出版社，2010.

[19] 杨鸿勋. 江南园林论[M]. 北京：中国建筑工业出版社，2011.

[20] 张淑娴. 明清文人园林艺术[M]. 北京：紫禁城出版社，2011.

[21] 高居翰，黄晓，刘珊珊. 不朽的林泉[M]. 北京：生活·读书·新知三联书店，2012.

[22] 邵志强，邵璐. 常州古园林[M]. 南京：凤凰出版社，2012.

[23] 朱钧珍，沈嘉允，邬东璠. 南浔近代园林[M]. 北京：中国建筑工业出版社，2012.

[24] 刘庭风. 中国古典园林平面图集[M]. 北京：中国建筑工业出版社，2013.

[25] 顾凯. 江南私家园林[M]. 北京：清华大学出版社，2013.

[26] 汉宝德. 物象与心境[M]. 北京：生活·读书·新知三联书店，2014.

[27] 吕明伟. 中国古代造园名家[M]. 北京：中国建筑工业出版社，2014.

[28] 鲍沁星. 南宋园林史[M]. 上海：上海古籍出版社，2016.

[29] 曹林娣. 江南园林史论[M]. 上海：上海古籍出版社，2016.

[30] 方利强，麻欣瑶，陈波，等. 浙派园林论[M]. 北京：中国电力出版社，2018.

[31] 童寯. 东南园墅[M]. 长沙：湖南美术出版社，2018.

[32] 陈从周. 扬州园林与住宅[M]. 上海：同济大学出版社，2018.

[33] 赵御龙. 扬州古典园林·扬州公园城市研究丛书[M]. 北京：中国建筑工业出版社，2018.

[34] 麻欣瑶，杨云芳，李秋明，等. 明清杭州园林[M]. 北京：中国电力出版社，2018.

[35] 曹汛. 中国造园艺术[M]. 北京：北京出版社，2019.

[36] 梁思成. 为什么研究中国建筑[M]. 北京：外语教学与研究出版社，2019.

[37] 朱震峻. 中国无锡近代园林[M]. 北京：中国建筑工业出版社，2019.

[38] 朱宇晖，路秉杰. 上海传统园林研究 [M]. 上海：同济大学出版社，2019.

[39] 东南大学建筑学院. 中国古建筑测绘大系·园林建筑　江南园林[M]. 北京：中国建筑工业出版社，2021.

[40] 许浩. 南京园林史[M]. 南京：南京大学出版社，2022.

[41] 苏州园林设计院股份有限公司. 苏州园林史[M]. 北京：中国建筑工业出版社，2023.

[42] 王丽方. 园境：明代五十佳境[M]. 上海：上海三联书店，2023.

[43] 陈从周. 常熟园林[J]. 文物参考资料，1958（3）：46-47，49.

[44] 盛湘群. 常州古典园林概述[J]. 中国园林，1993（3）：10-11.

[45] 沈福煦. "西湖十景十谈"（之五）：三潭印月 [J]. 园林，2001（1）：10-11.

[46] 沈福煦. 造园手法（之二）：园林布局[J]. 园林，2001（8）：10-11.

[47] 沈福煦. 造园手法（之三）：理水手法[J]. 园林，2001（9）：12-13.

[48] 沈福煦. 造园手法（之四）：叠山手法[J]. 园林，2001（10）：10-11.

[49] 沈福煦. 造园手法（之五）：林木花草[J]. 园林，2001（11）：10-11.

[50] 张伟. 瘦西湖私家园林集群的整体景观分析[J]. 扬州大学学报（自然科学版），2002（3）：69-72.

[51] 沈福煦. 绍兴园林撷谈（上）[J]. 园林，2010（3）：34-37.

[52] 沈福煦. 绍兴园林撷谈（下）[J]. 园林，2010（4）：28-31.

[53] 宋瑛. 江南造园之意境：浅析杭州郭庄的古典造园手法[J]. 浙江建筑，2011，28（12）：4-7.

[54] 徐晓民，乐振华，徐兴根，等. 西泠印社造园艺术浅析 [J]. 中国城市林业，2013，11（1）：12-15.

[55] 王欣. 绍兴东湖造园历史及园林艺术研究[J]. 中国园林，2013，29（3）：109-114.

[56] 项伊晶，张松. 上海豫园保护修缮历程及评述[J]. 城市建筑，2013（5）：42-45.

[57] 刘子晨. 豫园的历史变迁特征及内外动因[J]. 建设科技，2013（9）：78.

[58] 单丹. 文澜阁建筑空间形态研究 [J]. 浙江建筑，2015，32（5）：1-3，16.

[59] 沈超然. 奇山秀水美天下：论绍兴石宕园林的代表作东湖的理景艺术[J]. 中国园林，2015，31（7）：83-87.

[60] 柴凡一. 西泠印社造园文化艺术特色探析 [J]. 绿色科技，2016（13）：166-167.

[61] 吴可鹏. 绍兴兰亭的诗意园林[J]. 园林，2017（12）：64-66.

[62] 李彬. 明清常熟私家园林调查综述[J]. 美与时代（上），2017（9）：11-13.

[63] 赵御龙. 论扬州园林历史沿革及艺术特色[J]. 园林，2018（3）：2-7.

[64] 徐莹莹. 杭州文澜阁建筑文化探析 [J]. 设计，2018（12）：96-97.

[65] 马志刚. 沧浪亭园林的建造历程及其诗情画意的景观[J]. 西南林业大学学报（社会科学版），2019，3（1）：68-71.

[66] 周悠然. 浅析中国古典园林：南京瞻园[J]. 园林，2019（7）：31-35.

[67] 陈青莹. 浅析杭州西泠印社园林空间造园理景特色 [J]. 山西建筑，2019，45（6）：192-194.

[68] 段建强，张桦. 内外之间：上海豫园湖心亭变迁研究[J]. 新建筑，2020（1）：47-51.

[69] 俞菲. 浅析南京瞻园造园艺术手法[J]. 文化产业，2020（36）：29-30.

[70] 徐秀珍. 浅析扬州园林发展及特点[J]. 现代园艺，2020，43（12），200：123-124.

[71] 孟凡玉. 文津阁、文源阁、文澜阁一法多式写仿造园研究 [J]. 风景园林，2021，28（1）：118-123.

[72] 徐义，叶健. 清初沧浪亭重修：园林与园林画的共同建构[J]. 中国书画，2022（4）：9-11.

[73] 周宏俊，邹旻玥. 豫园东部重修历程及理景分析[J]. 园林，2022，39（10）：11-19.

[74] 龚近贤. 江南茶文化的经典：惠山泉茶文化[J]. 江苏地方志，2023（3）：26-29，41.

[75] 潘冰旎. 杭州南宋园林活动探究及其对湖山景观格局的影响[J]. 美术教育研究，2024（2）：90-94.

[76] 吕涵，周扬波. 从苏州到湖州：章惇家族的历史变迁[J]. 郑州航空工业管理学院学报（社会科学版），2024，43（3）：41-48.

[77] 高凤平. 石与水的诗：上海豫园园林设计艺术解析[J]. 现代园艺，2024，47（14）：133-135.

[78] 刘新静. 上海地区明代私家园林[D]. 上海：上海师范大学，2003.

[79] 李功成. 杭州西湖园林变迁研究[D]. 南京：南京林业大学，2006.

[80] 李志坚. 文徵明《拙政园三十一景图》研究[D]. 南京：南京艺术学院，2007.

[81] 冯媛媛. 扬州园林的"秀"与"雄" [D]. 苏州：苏州大学，2007.

[82] 龚玲燕. 明代南京私家园林研究[D]. 上海：上海师范大学，2008.

[83] 李若南. 文人审美旨趣影响下的上海古典园林特点[D]. 南京：南京农业大学，2009.

[84] 唐堃. 浅析王氏拙政园 [D]. 北京：北京林业大学，2010.

[85] 吴薇. 扬州瘦西湖园林历史变迁研究[D].南京：南京林业大学，2010.

[86] 孙云娟. 嘉兴传统园林调查与研究[D]. 杭州：浙江农林大学，2012.

[87] 任阿弟. 常州传统园林研究：以私家园林造园艺术为例[D]. 南京：南京林业大学，2012.

[88] 蔡夏乔. 上海豫园空间分隔研究[D]. 杭州：浙江大学，2012.

[89] 郑春烨. 苏州狮子林之叠山研究[D]. 杭州：浙江大学，2013.

[90] 章琳. 湖州传统园林调查与研究[D]. 杭州：浙江农林大学，2015.

[91] 刘彦辰. 变迁视野下的中国园林形态分析：以留园为例[D]. 南京：东南大学，2016.

[92] 周萌. 江南古典园林空间尺度研究：以留园为例[D]. 上海：华东理工大学，2016.

[93] 王博文. 苏州狮子林禅境营造手法初探[D]. 杭州：中国美术学院，2016.

[94] 冯华. 传统园林雅集文化及其影响研究[D]. 杭州：中国美术学院，2018.

[95] 刘晓芳. 苏州留园史研究[D]. 苏州：苏州大学，2018.

[96] 饶飞. 拙政园空间结构解析[D]. 北京：北京林业大学，2018.

# 图片来源

本书全部园林照片均由姜帅拍摄。平面图由姜帅、祝巧灵绘制，摹自以下文献及图片。

| 图名 | 来源 |
|---|---|
| 瞻园古迹区平面图 | 《江南理景艺术》 |
| 瘦西湖平面图 | 《江南理景艺术》 |
| 个园平面图 | 《江南园林志》 |
| 何园"寄啸山庄"区域平面图 | 《江南私家园林》 |
| 未园平面图 | 《常州传统园林研究》 |
| 惠山泉庭院平面图 | 《锡惠名胜区》 |
| 寄畅园平面图 | 《江南园林论》 |
| 拙政园中园、西园平面图 | 《苏州古典园林》 |
| 留园平面图 | 《理景艺术》 |
| 狮子林平面图 | 《苏州古典园林》 |
| 沧浪亭平面图 | 《苏州古典园林》 |
| 燕园平面图 | 《江南私家园林》 |
| 小莲庄平面图 | 《南浔近代园林》 |
| 烟雨楼平面图 | 《江南园林论》 |
| 郭庄平面图 | 《江南理景艺术》 |
| 文澜阁平面图 | 《明清杭州园林》 |
| 西泠印社平面图 | 《江南理景艺术》 |
| 兰亭平面图 | 《绍兴传统园林艺术》 |
| 东湖平面图 | 《绍兴传统园林艺术》 |
| 豫园平面图 | 《江南私家园林》 |

# | 后记 |

2017年，我应清华大学出版社孙元元老师的邀请，开始撰写这本《我欲因之梦吴越：江南园林之美》。当时我刚完成在中国国家图书馆的壁画艺术讲座，与孙老师几番讨论后，决定撰写一本园林主题的艺术类书籍，在写作角度上既要关注大众需求，也要展现出江南园林的时代性、地方性与艺术性特点。在本书准备与撰写过程中，文献梳理、实地考察、内容取舍等消耗大量时间，另外因疫情、园林修缮与内容的修改增删，自身教学研究工作繁重等，成书时间不得已而推迟，对此深感抱歉。

艺术类书籍的写作，特别重视对作品的研读。园林是空间的艺术，是不可移动的文物。这意味着在园林考察中要细细品味，观之一二、摩之再三，至有会心始罢。在考察过程中，我也渐渐地体会到中国传统园林艺术与中国传统绘画艺术有着密切的联系。《林泉高致》就讲道："君子之所以爱夫山水者，其旨安在？丘园养素，所常处也；泉石啸傲，所常乐也；渔樵隐逸，所常适也；猿鹤飞鸣，所常观也；尘嚣缰锁，此人情所常厌也；烟霞仙圣，此人情所常愿而不得见也。"在写书的数年时间里，我也经历着思想的变化，随着对园林的认识逐渐深入，会不时对先前的文字进行修改。而《西游记》中有"天地本不全"的说法，或许这才是世界的本来面目。我也明白此书依然会留下遗憾，有个别园林因闭门修缮而无法补拍；还有园林因失去原生环境而成为园林的孤岛，使园林的游园体验不同于以往。

在写作过程中，我时常会陷入困惑与停滞，孙老师会推荐相关书目与资料，对充实与丰富本书的内容给予了极大的帮助。当不少园林的考察活动因疫情关闭而被迫推迟时，孙老师的包容与理解是这本书得以完成的重要原因，在此再次向孙元元老师表达由衷的感谢。

本书能够完成，还得益于很多人的帮助，在此深表感谢。首先是毛雪非老师，她是中国美术学院原党委书记。她对杭州小车桥畔园林的回忆，丰富了杭州园林的资料。王其钧老师是著名园林学者与艺术家，他对园林知识的梳理与研究，为本书写作带来许多启示。何加林老师是著名的山水画大家，在我于扬州瘦西湖考察时提示了中国传统山水画的思想与造园的关系。孔令伟老师是著名的艺术理论家，他结合自己的学术研究，点出园林背后人文与自然之间的关系。刘丰华老师是著名的室内、景观园林设计师，长期工作在园林设计的第一线，为本书题写推荐语。在扬州考察时遇到了困难，扬州女画家严清为我的园林考察提供了便利。

　　最后，我要将此书献给我的父亲与母亲。我的母亲也参与了园林平面图的绘制，在此感恩母亲！还有父亲的帮助，使外出考察活动顺利完成。在我小时候，父母让我与园林有了第一次相遇。而此书在预备阶段就得到父母的支持，多次园林考察中有父母的陪伴与帮助。与他们悠游林下，是我平生最为快乐的时光。

山山馆主姜帅写于杭州钱江南岸

2025年9月10日